世界高层建筑前沿研究路线图

ROADMAP ON THE FUTURE RESEARCH NEEDS OF TALL BUILDINGS

主 编

[美] 菲利普 · 奥德菲尔德（Philip Oldfield）

达里奥 · 特拉布科（Dario Trabucco）

安东尼 · 伍德（Antony Wood）

翻 译

林菲璜　周金英　胡　南　赖　博　王瑞珂

审 校

杜　鹏

图书在版编目（CIP）数据

世界高层建筑前沿研究路线图 /（美）菲利普 · 奥德菲尔德（Philip Oldfield），（美）达里奥 · 特拉布科 (Dario Trabucco)，（美）安东尼 · 伍德 (Antony Wood) 主编；林菲璜等译 . 一上海：同济大学出版社，2017.7

书名原文：Roadmap on the Future Research Needs of Tall Buildings

ISBN 978-7-5608-7128-8

Ⅰ. ①世… Ⅱ. ①菲… ②达… ③安… ④林… Ⅲ. ①高层建筑一研究
Ⅳ. ① TU97

中国版本图书馆 CIP 数据核字 (2017) 第 152608 号

世界高层建筑前沿研究路线图

主编：[美] 菲利普 · 奥德菲尔德（Philip Oldfield），达里奥 · 特拉布科（Dario Trabucco），安东尼 · 伍德（Antony Wood）

翻译：林菲璜　周金英　胡　南　赖　博　王瑞珂

审校：杜　鹏

出 品 人： 华春荣

责任编辑： 胡　毅

责任校对： 徐春莲

装帧设计： 完　颖

装帧制作： 嵇海丰

出版发行： 同济大学出版社 www.tongjipress.com.cn
（上海市四平路 1239 号 邮编：200092 电话：021-65985622）

经　　销： 全国各地新华书店、建筑书店、网络书店

印　　刷： 常熟市大宏印刷有限公司

开　　本： 787mm×1 092 mm 1/16

印　　张： 6.75

字　　数： 169 000

版　　次： 2017 年 7 月第 1 版　2017 年 7 月第 1 次印刷

书　　号： ISBN 978-7-5608-7128-8

定　　价： 58.00 元

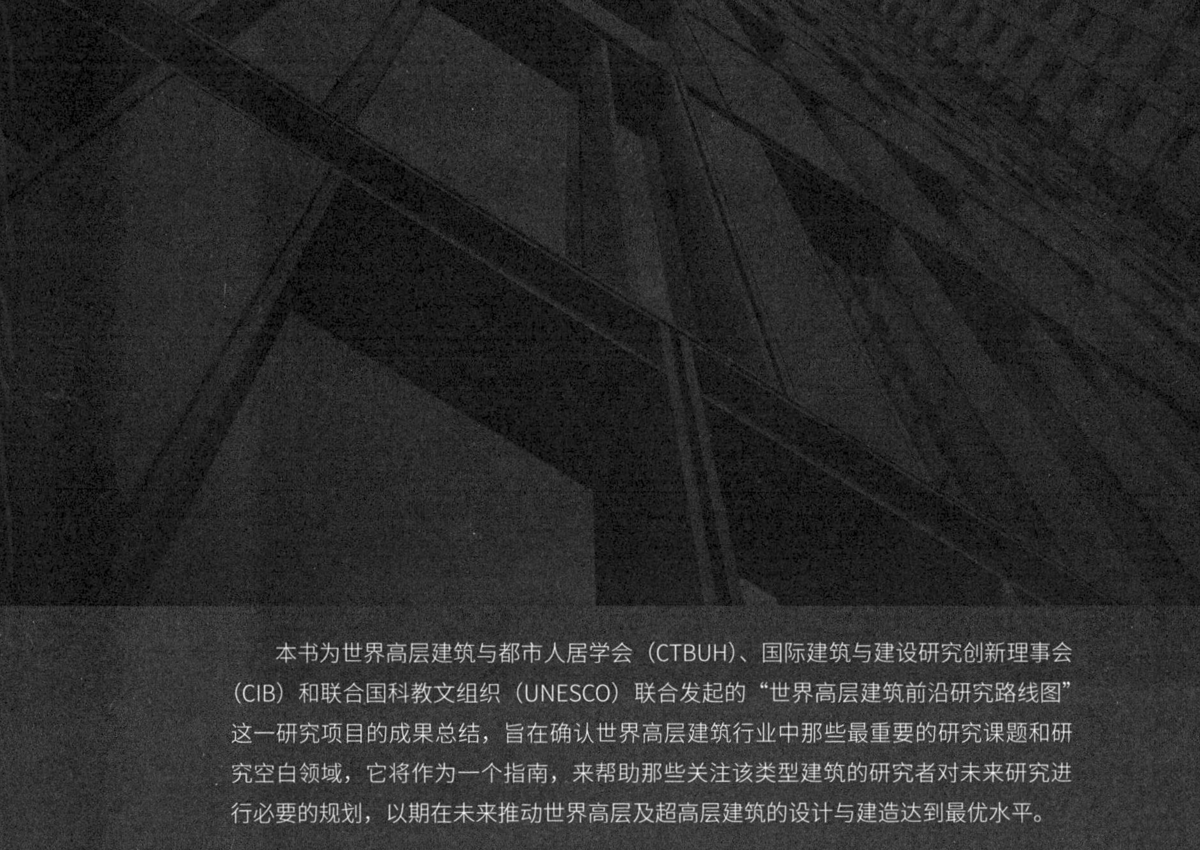

本书为世界高层建筑与都市人居学会（CTBUH）、国际建筑与建设研究创新理事会（CIB）和联合国科教文组织（UNESCO）联合发起的“世界高层建筑前沿研究路线图”这一研究项目的成果总结，旨在确认世界高层建筑行业中那些最重要的研究课题和研究空白领域，它将作为一个指南，来帮助那些关注该类型建筑的研究者对未来研究进行必要的规划，以期在未来推动世界高层及超高层建筑的设计与建造达到最优水平。

《世界高层建筑前沿研究路线图》囊括了横跨 11 大领域的 358 个研究主题，并依据全球高层建筑行业 20 000 名专业人士对每个主题的看法，将这些主题根据研究重要程度和研究不成熟度进行了整理及排序，因此推出了一系列优先研究主题和研究空白领域，高层建筑的所有者、开发、设计、规划、施工、咨询、运营、维护及学术研究领域的从业者们均认为这些主题值得去优先研究和发展，从而推动未来几年高层建筑行业的发展。

本书适合城市规划、城市开发、建筑设计、工程咨询、工程建造、物业管理与运营、科研、建材及设备等领域的专业读者阅读。

编委会

菲利普·奥德菲尔德（Philip Oldfield）
诺丁汉大学（英国）

菲利普 · 奥德菲尔德博士是诺丁汉大学建筑与建成环境学院（Department of Architecture and Built Environment, University of Nottingham）的讲师，在校内兼任可持续高层建筑学科的硕士课程导师，还是院系内高层建筑设计工作室与研讨会的带头人。

与此同时，菲利普博士还担任 CTBUH 研究、学术和研究生工作组的联合主席，是学生竞赛委员会、种子研究基金委员会委员，以及 CTBUH 期刊编辑委员会成员。他曾为《建筑学报》（*Journal of Architecture*）、*CTBUH Journal*、《城市与建筑》（*Urbanism and Architecture*）及《建筑科学评论》（*Architectural Science Review*）撰写同行评议论文，亦曾为英国《卫报》（*Guardian*）、美国《结构》杂志（*Structure Magazine*）、俄罗斯 *BbICOTHbIE* 以及阿联酋《大项目》（*The Big Project*）等报刊供稿。

达里奥·特拉布科（Dario Trabucco）
CTBUH / 威尼斯建筑大学（意大利）

达里奥 · 特拉布科博士是意大利威尼斯建筑大学建筑、建设与保护学院的研究员，教授建筑技术课程，从事高层建筑与可持续发展领域的研究。

达里奥博士还担任 CTBUH 研究、学术和研究生工作组的联合主席，是学生竞赛委员会、种子研究基金委员会委员。2013 年 2 月至 2014 年 2 月期间，他在芝加哥 CTBUH 总部担任了一年的助理研究员。达里奥博士曾为《建筑学报》、《高层建筑与特殊建筑结构设计》（*The Structural Design of Tall and Special Buildings*）、*CTBUH Journal* 和《建筑与能源》（*Energy and Buildings*）撰写同行评议论文，也曾为数场业内国际性会议及出版物供稿。

安东尼·伍德（Antony Wood）
CTBUH/ 伊利诺伊理工大学（美国）

安东尼 · 伍德博士自 2006 年起担任 CTBUH 执行理事长，同时担任伊利诺伊理工大学副教授，主持各类高层建筑设计工作室。身为一位受过专业培训的英国建筑师，他专攻高层建筑设计领域，尤其在该领域的可持续设计方面颇有造诣。同时，安东尼博士兼任 CTBUH 高层建筑与可持续发展工作组组长。在成为专业学者之前，安东尼是一名实践建筑师，参与的项目遍布香港、曼谷、吉隆坡、雅加达与伦敦。他还是一位出版了若干本专业书籍的作者与编辑，作品包括 2013 年出版的《高层建筑指南》。在攻读博士学位时，他针对高层建筑间的封闭式人行天桥进行了跨学科的探讨与研究。

关于世界高层建筑与都市人居学会（CTBUH）

世界高层建筑与都市人居学会 (The Council on Tall Buildings and Urban Habitat，CTBUH) 是专注于高层建筑和未来城市的概念、设计、建设与运营的全球领先机构。学会是成立于 1969 年的非营利性组织，总部位于芝加哥的历史建筑门罗大厦，同时在上海同济大学设有亚洲办公室，意大利威尼斯建筑大学设有研究办公室，芝加哥伊利诺伊理工大学设有学术办公室。学会的团队通过出版、研究、活动、工作组、网络资源和其在国际代表中广泛的网络来促进全球高层建筑最新资讯的交流。学会的研究部门通过开展在可持续性和关键性发展问题上的原创研究来引领新一代高层建筑的调查研究。学会建立了免费的高层建筑数据库——摩天大楼中心，对全球高层建筑的细节信息、图片及新闻进行每日即时更新。此外，学会还开发出测量高层建筑高度的国际标准，同时也是授予诸如“世界最高建筑”头衔的公认仲裁机构。

关于国际建筑与建设研究创新理事会（CIB）

国际建筑与建设研究创新理事会（International Council for Research and Innovation in Building and Construction，CIB）成立于 1953 年，其目标是以专注于技术研究领域的科研机构为重点，促进各国政府和研究机构之间在建筑与建设领域的国际性合作与信息交流。迄今为止，理事会已形成全球会员网络，由来自大约 500 个成员机构的 5 000 余名专家组成，他们分属于科研、高校、企业或政府机构，活跃于建筑与建设研究创新领域的各行各业。

关于联合国教科文组织（UNESCO）可持续发展教席

联合国教科文组织可持续发展教席（The UNESCO Chair on Sustainability，UBNESCOSOST）是联合国教科文组织成立的第二个教席。该机构的设立显现出联合国教科文组织重视教育事业的悠久传统，以及在研究、创新与培训活动方面的卓越实力。自 1996 年创办以来，该机构始终坚持自身宗旨：致力于通过各成员之间相互协调与整体统一的方式，为可持续发展作出贡献。研究与创新乃引领人类社会克服一切挑战的必需之法，城市社区要转变为更具可持续性的人居环境，需要考虑人类与地球生态系统在各个层面所产生的相互作用与影响。新技术的发展必然伴随着人类行为模式的剧变，这一因素对实现社会与环境更高级的修复力以及更加可持续的人类发展具有至关重要的作用。

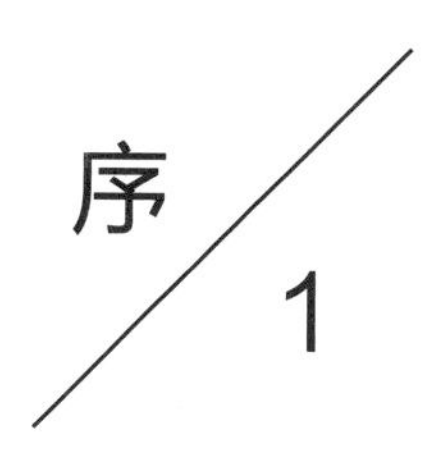

序 1

伴随着人口增长和城市化进程，全球高层建筑在过去的 20 年经历了前所未有的迅猛发展。面对这样一种资源消耗量巨大、建设复杂度极高且对城市影响十分深远的建筑类型，我们究竟需要怎样的设计对策才能适应发展可持续城市人居的诉求，这是我们当前亟需探讨的课题。《世界高层建筑前沿研究路线图》的研究工作和出版正是基于这样的初衷，本书研究覆盖了高层建筑所有相关领域，包括开发、设计、规划、施工、咨询、运营、维护等，集结相关专业人士的经验和智慧，特别关注于高层建筑领域中亟待解决的研究课题，分析现有的研究空白，在为高层建筑领域的研究建构一个全面的知识体系的同时，也为未来高层建筑研究提供清晰的方向。这项研究工作和出版成果的发布，试图为世界高层建筑领域建立一个互通、互联、共享的知识体系和交流平台，为推动全球前沿科学研究和工程实践的进一步发展提供帮助。

中国一直是全球高层建筑开发与建设的主导市场（中国已经连续 9 年成为 200 m 及以上高层建筑竣工数量最多的国家，并在 2016 年创下一年建成 84 座的纪录），所以《世界高层建筑前沿研究路线图》中文版的面世对中国高层建筑的发展有着尤为重要的意义。中国高层建筑的实践者和研究者可以通过本书全面了解高层建筑的研究体系和方向，以及全球高层建筑的前沿研究动态。事实上，中国不但在高层建筑的建造数量上取得了惊人的成绩，也在推动高层建筑类型学发展和创新技术的进步方面向全球不断输出杰出的实践案例，例如上海中心（荣获 CTBUH2016 年全球最佳高层建筑奖），武汉天地（荣获 CTBUH2016 年全球最佳城市人居奖），香港环球贸易广场（荣获 CTBUH2014 年全球能效奖），远大集团开发的工厂化预制技术（荣获 CTBUH2013 年全球创新奖）等。这些实践案例也多为跨学科、跨国家专业人士协同合作的成果。同时，中国也开始在海外广泛参与高层建筑的投资、开发、设计与建造等。因此，我鼓励中国高层建筑的实践者和研究者，能够通过其丰富的实践项目和科研课题，推进全球高层建筑的设计和研究，填补目前的研究空白，共同实现“可持续的垂直城市人居”。

Antony Wood

安东尼 · 伍德

CTBUH 执行理事长

美国伊利诺伊理工大学副教授

同济大学客座教授

序 2

我国从 1980 年代开始的改革开放带来了中国经济的腾飞。在短短三十多年的时间里，中国从一个贫穷落后的国家一跃成为世界第二大经济体。这一过程中建筑业得到了巨大的发展，而其最明显的标志就是中国大地上拔地而起的大量高层建筑。

高层建筑在中国的大量兴建是由中国的国情决定的，主要的因素是：我国土地资源紧缺，较高的建筑容积率是必然的要求，这为高层建筑的发展提供了最重要的条件；城市化进程在加速，大量农村人口涌入城市，带来对房屋的需求急增；中国经济高速发展形成的经济力量和技术力量的积累为高层建筑的建造提供了物质基础。因此，高层建筑在中国的发展是符合逻辑的必然结果。

中国的经济发展已经进入了新常态，这意味着仍然会以较高增长率持续发展，并且建设重心会从东南沿海地区向中西部不发达地区转移。因此，高层建筑仍有很大发展空间。这也为我们总结过去一段时间高层建筑建设方面的得失、提升建设水平、使中国由高层建筑大国转变为高层建筑强国提供了极好的机遇。

本书集结了世界高层建筑所有相关领域专业人士的经验和智慧，分析并确定了高层建筑领域中亟待关注和解决的问题，为高层建筑未来的研究提供了方向，值得我国在这一领域工作的研究者和技术人员参考。相信通过我们自己坚持不懈的努力，借鉴世界各国的经验，坚持创新开路，中国的高层建筑必定会提升到更高的水平。

汪大绥

中国工程设计大师

华东建筑设计研究总院资深总工程师

目录

1/ 研究摘要

1.1 目标与宗旨

本《世界高层建筑前沿研究路线图》（简称《路线图》）主要围绕以下三点：

（1）界定高层建筑领域中的重点研究对象；

（2）厘清高层建筑研究领域中的不足之处（即研究空白）；

（3）推荐高层建筑研究领域中的重点主题。

"研究空白"，即成熟度非常低且 / 或极度缺乏可利用文献资源和知识资源的研究领域。

"优先主题"，即需要重点资助与科研关注的研究领域，以发展高层建筑类型学。

《路线图》的宗旨在于为全球所有参与高层建筑研究活动的机构和专业人士提供指南，以协助其开展未来的研究计划与获得研究基金，实现高层建筑类型学的最优发展。例如，此类活动可能包括以下项目：

（1）研究的资助单位可通过《路线图》为各自的项目投标树立潜在影响力，或为征集某一特定项目创造机会；

（2）研究人员 / 研究机构通过《路线图》确定其研究重点并申报研究基金；

（3）在读博士生通过《路线图》来发掘未开发且具备博士论文研究价值的主题。

《路线图》的目标群体包括了各类政府间组织、国家政府与机关、非政府组织、学术科研机构以及行业与行业组织。

《路线图》研究的联合筹办方是世界高层建筑与都市人居学会（CTBUH）、国际建筑与建设研究创新理事会（CIB）和联合国科教文组织（UNESCO）。

1.2 研究方法

关于这份文本的讨论始于 2010 年 CTBUH 研究、学术和研究生工作组的成立大会，来自世界各地的 80 余名研究学者齐聚一堂，就这一主题展开了讨论。2012 年，第一份开放式问卷发布，对象为 CTBUH 的 20 000 名同侪，此份问卷的目标是界定重点研究主题的类别，调查范围跨越了各种领域，由世界各地的研究学者与专业人士来填写。2013 年，第二份问卷发布，这一次的调查目标是针对第一份问卷搜集到的 1 243 个研究主题进行排序，并加以重要级别的区分。问卷将目标主题归入 11 个宽泛的研究领域，涵盖了高层建筑领域的规划、设计、建造与管理领域的各个方面。这 11 个研究领域为：

（1）都市设计、城市规划与社会问题；
（2）建筑与室内设计；
（3）经济与成本；
（4）结构特性、多种灾害防灾设计和土工技术；
（5）垂直交通与疏散；
（6）消防与生命安全；
（7）建筑外立面与表皮；
（8）建筑材料与制品；
（9）可持续设计、施工与运营；
（10）施工与项目管理；
（11）能源产生、效能与评估。

1.3 重要发现

本书各章节详细展示了高层建筑领域的学术研究成果。《路线图》最重要的 10 项研究成果如下：

1. 高层建筑的社会可持续性

在《路线图》界定的重点研究主题之中，其中一个清晰的研究趋势即聚焦高层建筑的社会可持续性，包括城市和建筑两种尺度。相关主题涉及高层建筑的社会作用，以及“都市设计、城市规划与社会问题”和“建筑与室内设计”领域。

这两个领域皆呈现出一个明确趋势，即有很大一部分问卷受访者坚信，这类研究能够改善高层建筑的社会冲击力，缓解周边居民社区和高层住民与白领面临的问题，是一项至关重要的重点研究主题。

2. 高层建筑的能效

议题“能源产生、效能与评估”的重点研究价值（得分 7.6）在每一章节都得到了体现，表明这一宽泛领域的研究是高层建筑类型学演进发展的先决条件。该主题的“研究不成熟度”平均得分在各章节（得分 3.6）亦列居首位，可见尽管近年来该领域已出现了一定数量的论文，但该类别下的主题仍有待开发。

3. 高层建筑的安全性能

纵览《路线图》全文，可发现获得研究优先级最高得分的五个重点主题里，有四个与高层建筑的安全与安防性能有关。这两个领域极其重要，而相关领域的研究却呈现空白。就这一点而言，高层建筑类型学仍存在诸多漏洞，尤其是对火灾场境的研究。

4. 制定合理的高层建筑安全性能分级

《路线图》评选结果表明，安全性能领域的第二大研究趋势是为高层建筑安全性能设立合理的分级标准。这一点在以下两个领域的得分中明显得到体现：“结构特性、多种灾害防灾设计和土工技术”和“消防与生命安全”，此二者之中，有不少主题涉及高层建筑的安全性能，均属于最高分重点研究主题。

5. 高层建筑及其组成部件的隐含能源

当人们谈及环境可持续性时，当前的言论重点已转向建筑材料与部件给环境带来的影响。研究结果指出，鉴于高层建筑物对结构性能有更高的要求，建造过程之中所消耗的隐含能源比低层建筑更多。《路线图》的评选结果显示，确定和减少高层建筑内的隐含能源是各个领域的重点研究主题。

在以下得分最高的主题之中，可找到与建筑系统及产品的环境影响相关的主题：“可持续设计、施工与运营”，“建筑材料与制品”，以及“建筑外立面与表皮”。

6. 高层建筑生命周期的永续性

与前文所呼吁的隐含能源重点研究主题相似的是，《路线图》指出，相比日常运营领域，关于高层建筑生命周期永续性的主题需要更多的关注和研究。这一宽泛的领域涵盖了隐含能源与前文明确提及的主题，其余获得高度关注的主题还包括：“建筑材料与制品的耐用性”、“易修复与可替代的设计研究”、“高层建筑的解体与拆除”、“高层建筑生命周期的延长策略”、“自适应再利用与改造”、“影响高层建筑全生命周期的决定性因素研究”以及“高层建筑的整体与综合可持续性效能”。

另一方面，对高层建筑可持续性这一领域进行更宽泛的思考，折射出建造环境行业当前的思潮，同时亦明确地指明了高层建筑生命周期领域的研究需求面临着独特的挑战与机遇。

7. 高层建筑的解体 / 解构 / 拆除

“高层建筑使用寿命终止时是否允许进行拆解 / 拆除以及相应策略的研究（以及相类似的建材与建筑零部件再利用等）”，这一主题的“研究不成熟度”得分在《路线图》所有评选主题中位列第三，且与前文提及的高层建筑全生命周期主题十分契合。该主题再次突显了当前学者们对生命周期枯竭的高层建筑的研究缺乏相关知识，而鉴于当前有不少高层建筑已开始步入生命周期的暮年，因此这一领域有可能成为未来城市重建的主要研究领域。

8. 高层建筑的经济效应

就重要性而言，《路线图》中并列获得最高分的主题是“高层建筑与全球经济周期和形势之间的经济关系研究”。在全球范围内的城市竞争日益激烈的情况下，人们通常需要评估高层建筑为当地房地产市场带来的经济效益，而高层建筑所扮演的角色（譬如单体高层建筑，或在单个城市中大规模兴建高层建筑的情况）必须谨慎地评估，以避免房地产市场和更大规模的相关市场出现经济泡沫暴涨的情况。

9. 新兴材料在高层建筑中的采用及其效能

贯穿多个领域的重点研究的明确趋势之一，即新兴材料在高层建筑中的采用及其效能。对于诸如呼吁新型绿色材料的耐火性能研究这一类主题，新兴材料的开发与应用对其余的领域亦将产生重要的影响。

10. 得分较高的研究空白主题

《路线图》的全部研究主题中，只有 4 项主题的“研究不成熟度”得分大于 4（“极其不成熟”），这意味着需要投入更多的研究来发掘新的未开发主题。这 4 项主题为：

（1）可通过建筑体外墙进行紧急疏散的新型疏散系统的研究（不成熟度 **4.2**）；

（2）高层建筑间能源共享的策略与技术的研究（如一座建筑过剩的能源恰好能满足另一座建筑的峰值能源需求）（不成熟度 **4.1**）；

（3）高层建筑使用寿命终止时是否允许进行拆解 / 拆除以及相应策略的研究（不成熟度 **4.0**）；

（4）确定和计算高层建筑的最大可持续性水平的研究（不成熟度 **4.0**）。

1.4 各领域研究成果总结

《路线图》中提荐的研究主题涵盖各个领域，重要性指数排名前五的重点主题如下（每项主题之后的数字为重要性得分，满分 10 分制）：

1. 都市设计、城市规划与社会问题

（1）都市 / 城市范围内高层建筑的社会可持续性发展的调查研究［包括对社会行为的影响、社区及生活方式、高层建筑的社会需求、中心城市隔都化(ghettoization)、不同地理位置的社会影响等］（**7.8**）；

（2）确定高层建筑的最佳高度、密度及体量，为城市居民创造适宜的社会互动与交流的研究（**7.6**）；

（3）高层建筑群内部底层及周边步行区域的评估与改善研究（包括公共设施、社会空间、监管政策的发展等）（**7.6**）；

（4）历史建筑城区与附近的高层建筑的设计与整合（包括联合国教科文组织的指定区域、监管体系等）（**7.5**）；

（5）高层建筑城市规划和监管政策的研究（包括本地城市规划、人口变迁规划、政治和金融政策、城市设计标准等）（**7.4**）。

2. 建筑与室内设计

（1）高层住宅对于有子女家庭住户的影响研究，以及针对有子女家庭的高层宜居条件的策略研究（**7.9**）；

（2）高层建筑居民的体验、幸福度和满意度研究（**7.6**）；

（3）老年人和残疾人的高层建筑居住需求研究（**7.6**）；

（4）高层建筑居民的社交体验改善研究（包括功能区的合理搭配、高层建筑环境的人性化、促进社区孵育的策略等）（**7.5**）；

（5）改善高层建筑集群与周边城区环境关系的建筑策略研究（**7.4**）。

3. 经济与成本

（1）高层建筑与全球经济周期和形势之间的经济关系研究（**7.9**）；

（2）测定城市 / 郊区建造高层建筑的整体经济收益和成本的研究（包括直接税收优惠和间接雇佣税收 / 开支优惠、建造易识别地标对城市的影响、周边区位的价值、外部经济效应等）（**7.9**）；

（3）为主要的建筑决策和不同建筑类型建立成本计量方面的研究（包括位置、高度、土地使用、影响区域、楼层间隔以及结构系统等）（**7.9**）；

（4）高层建筑全生命周期的成本分析研究（包括方法路径的开发、结果数据库建立等）（**7.8**）；

（5）高层建筑降低建造成本的策略研究（**7.7**）。

4. 结构特性、多种灾害防灾设计和土工技术

（1）已建成高层建筑中实时结构监控设备的发展与应用研究（包括结果数据库的建立，实际结果与设计假定的对比，真实性能——如固有频率、阻尼、垂直沉降、加速度、徐变等的确定）（**7.9**）；

（2）风力和地震情况下模型假定的验证研究（**7.5**）；

（3）提高高层建筑对于地震、台风、爆炸、撞机、飓风等多种灾害的防护能力方法研究（包括稳健性、结构优化等）（**7.5**）；

（4）极端灾害场景中（例如地震、飓风、爆炸、撞机和台风等）高层建筑安全性能合理分级的设计标准的开发（**7.4**）；

（5）针对高层建筑的基于整体性能的多种灾害跨学科防灾设计与分析研究（**7.4**）。

5. 垂直交通与疏散

（1）高层建筑内逃生电梯的布局、设计与影响研究（**8.3**）；

（2）适用于残疾人群体的疏散与逃生对策（包括紧急预案、安全区域的使用等）（**8.0**）；

（3）疏散 / 危急场景中的居民信息接收对策与技术（包括动态逃生路线指引系统、视频音频一体化技术、无线系统、居民对此类系统的态度及对相关法规的遵守）（**7.8**）；

（4）极端灾害场景中逃生电梯的使用，如地震后场景（**7.8**）；

（5）高层建筑疏散的实时管理对策与技术（**7.8**）。

6. 消防与生命安全

（1）针对高层建筑内最坏情境的具有一定可信度的设计火灾的研究（**8.3**）；

（2）新型可持续材料、技术与设计策略对高层建筑防火与生命安全性能的影响研究（**8.2**）；

（3）建筑师、消防工程师和社区消防部门合作关系的发展与促进研究（**8.1**）；

（4）用于高层建筑结构防火设计的现实火灾场景的研究与开发（**8.0**）；

（5）发展中国家与极度欠发达国家的高层建筑消防与生命安全问题研究（**8.0**）。

7. 建筑外立面与表皮

（1）高层建筑外立面使用创新型 / 先进材料及覆层系统的研究（包括复合材料、光致变色玻璃、气凝胶、航空航天 / 造船技术的应用等）（**7.9**）；

（2）提高高层建筑外立面热力性能的开发策略及产品的研究（包括诸如真空绝热板等新产品的开发、高绝缘薄覆层产品、框架构件热力性能改进等）（**7.8**）；

（3）高层建筑外立面的隐含能源的研究（包括可快速获得的可靠指标的开发）（**7.8**）；

（4）高层建筑动态 / 活动建筑外立面系统的设计、施工及性能的研究（包括用户控制、标准及法规的制定、对能源表现及室内气候的影响等）（**7.7**）；

（5）高层建筑中与建筑外立面一体化设计与建造的能源生成及收集系统的研究（包括光伏建筑一体化、风能系统、水收集系统等）（**7.7**）。

8. 建筑材料与制品

（1）高层建筑复合材料与系统的使用研究（**7.5**）；

（2）高层建筑材料与部件的耐用性优化研究（**7.5**）；

（3）高层建筑材料与部件的责任采购（如对加工厂

污水和有毒物排放缺乏严格监管的领域）（**7.4**）；

（4）高层建筑材料与部件耐用性的测定研究（**7.4**）；

（5）纤维增强复合材料的性能及其在高层建筑中的应用研究（如碳、玻璃）（**7.3**）。

9. 可持续设计、施工与运营

（1）开发碳中性、零能源、零碳排放和能够自我维持的高层建筑的策略与技术研究（包括评估这些概念在技术上是否可行）（**7.8**）；

（2）高层建筑隐含能源 / 隐含碳的减量策略与技术研究（**7.8**）；

（3）对于高层建筑形式的环境优化策略及方法的研究（**7.7**）；

（4）把被动式设计策略与技术融入高层建筑用于降低能源需求以及提高居住者舒适度的研究（**7.6**）；

（5）高层建筑使用寿命终止时是否允许进行拆解 / 拆除以及相应策略的研究（同样，还包括部件、材料等的再利用）（**7.6**）。

10. 施工与项目管理

（1）高层建筑项目物流最佳实务、案例总结以及国际领导团队经验的传播学研究（**7.8**）；

（2）复杂高层建筑项目施工新方法和新体系的研究与发展（**7.6**）；

（3）高层建筑提高施工速度的策略发展与研究（包括精益建设原则等）（**7.4**）；

（4）高层建筑施工减排（废物、废水）实务与策略发展研究（**7.3**）；

（5）综合软件和工具（例如 BIM）的研制与开发，以及它们对高层建筑设计、施工和物流的影响（**7.3**）。

11. 能源产生、效能与评估

（1）高层建筑整体及综合可持续性效能的测定与计量研究（包括环境、经济和社会的可持续性，综合成本，碳和能源分析等）（**8.3**）；

（2）高层建筑内热能储存和共享的策略与技术的研究（包括混合用途高层建筑内的余能收集等）（**8.0**）；

（3）高层建筑的使用后评价的研究，以监测其运行中实际的能源效益及用水需求（包括监测系统的使用、不同地理位置能源的使用、对计算机模拟的验证、与设计负荷的比较、创建数据清单等）（**7.9**）；

（4）高层建筑全生命周期的环境影响测定与计量研究（包括生命周期评价、方法路径的开发等）（**7.8**）；

（5）高层建筑间能源共享的策略与技术的研究（如一座建筑过剩的能源恰好能满足另一座建筑的峰值能源需求）（**7.8**）。

2 概述及研究背景

2.1 高层建筑研究

“高层建筑所涉及的每个学科都在持续发展其‘科学性’，但目前工程上仍然有亟需解决的问题。我们只有了解所有相关知识，才能开始建筑工作。反之，正是因为我们在创建建筑，所以就更不能忘记我们必须扩充、延展关于高层建筑的知识与科学。”

——William Baker，SOM 建筑设计事务所

众所周知，世界各国都面临着高层建筑施工数量剧增的问题，自 2000 年以来，我们设计、建造并完成的摩天大楼的数量和高度都达到了前所未有的程度，其统计数据令人震惊。例如，根据 CTBUH 高层建筑数据库“摩天大楼中心”（www.skyscrapercenter.com）显示，2000 年之前全世界有 265 栋高度 200 m 或以上的建筑完工，但是，其后截至 2012 年的 12 年中，数量几乎翻了一番，达到 518 栋。尽管亚洲（尤其是中国）在全球高层建筑的建造中占据了主导地位，但令人惊叹的是，这一增长并不限于任何一个地理区域。全球有 543 座城市建造了至少一栋高于 100 m 的建筑，作为其都市领域的重要元素。

或许大多数人都不知道，建筑业的繁荣与高层建筑学术及行业研究的增长相关。各大学正从单个研讨会 / 模块两个层面，通过开发特别针对高层建筑的研究生课程及资格认证，日渐参与到这一领域的研究中来。针对高层建筑的全系列主题（从社会可持续发展到消防）也受到了博士研究的欢迎，此外还涌现了一些诸如《CTBUH 期刊》（*CTBUH Journal*）、《高层建筑国际期刊》（*International Journal of High-Rise Buildings*）或者《高层与特殊建筑结构设计》（*The Structural Design of Tall and Special Buildings*）等专业期刊，以及诸如 CTBUH 研究种子基金倡议的高层建筑领域的研究资助机会。某些商业机构紧随其后，与大学合作，组建内部高层建筑研究团队，甚至以免费发布的形式出版他们自己的研究成果。通过搜索查询同行评审期刊近年出版的高层建筑相关论文数量就可以证实上述所言。数据库 ScienceDirect（2013）提供了来自 2 500 多种期刊的论文，数据表明，该领域的出版物数量普遍持续增长，尤

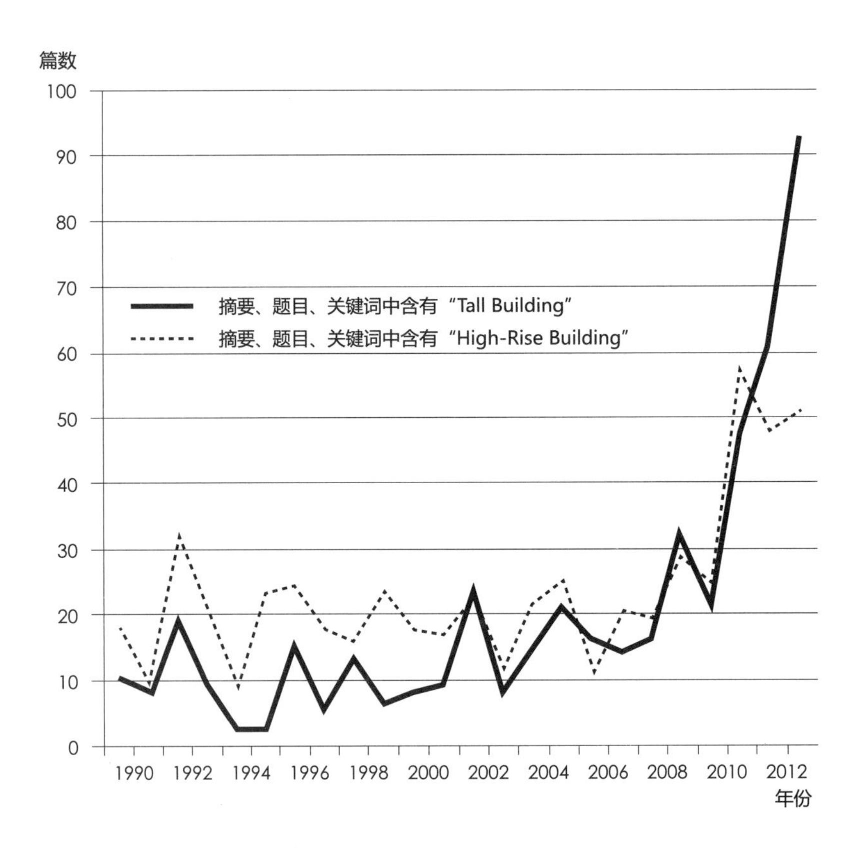

图 1 : Science Direct 提供的 2013 年同行评审期刊中有关高层建筑的论文
（来源 :《路线图》编辑编订）

其是风力工程方面。更新的研究发现，高层建筑相关期刊出版物出现重大突增，相比 2008 年，2012 年出版的论文多达 3 倍，覆盖了广泛的学科及主题（图 1）。

但这些激动人心的数据很难证明研究上的发展是否和实际高层建筑建造的增长情况一样令人惊叹，而且我们很明显需要着手进行更多的高层建筑研究。但是，在决定什么特定研究领域最需要进行优先研究时存在很大分歧，直到最近也尚未出现开展此类讨论的平台或网络。正在涌现的高层建筑研究大多是毫无联系的，高层建筑的规划、设计、施工及运营方面的全面进展研究成果甚微，无法为未来高层建筑研究开拓出一个会在不久的将来推动建筑行业发展的方向。未来数十年中，人口增长及城市化不断发展，越来越多的人将在高层建筑中生活和工作。关于改进高层建筑、高层建筑使用者的安全及舒适性，以及高层建筑在环境与材料方面的性能的研究领域存在巨大机遇。

可能没有什么比“9 · 11”事件余波后的社会反响更明显了。在这次可怕事件后，许多人质疑高层建筑的安全，致力于评估并改进该类型建筑安全性的大型研究活动也层出不穷。学者和专家们发表了成百上千的论文，举办专门会议，对传统法规及方法提出质疑，并开发出新的技术及策略。关于人员疏散、连续倒塌、结构冗余及火情抑制的研究都得到迅速发展，直接影响了过去十年中高层建筑的设计与施工。举例而言，纽约世贸中心 7 号楼在“9 · 11”事件 5 年后即告完工，添加了冗余度更高的“环状”自动喷水灭火系统，更加结实、黏合性更好的结构防火涂料，混凝土外包芯以及其他安全措施。同时，用于疏散的电梯也开始在许多地方使用。毋庸置疑，“9 · 11”事件后的大量研究已改进了高层建筑的安全措施，并由此增强了我们对高层建筑的信心。

任何高层建筑需求的发展都需要大量投资，不仅限于资金方面，也取决于专业顾问及时间。因此，高层建筑的建造正日益成为创新性的新理念、新技术及系统的试验场，这些创新无法在小型项目进行探索，但在高层建筑上试验成功后也就意味着该技术可以用于小型项目。例如最近的外立面动态遮阳系统、建筑一体化发电系统及抗震阻尼技术，这些技术都位于创新前沿，并都在最近完工的高层建筑上进行过测试。因此，高层建筑研究及发展可能将对整个建筑行业的生态产生更大的影响。

显然，高层建筑研究非常重要，它将在未来城市发展中扮演重要角色。尽管该领域日益增加的研究活动值得称赞，但是必须真正地将优先研究主题及重要研究空白[1]领域确认清楚，因为只有这样，下一代的高层建筑物才能尽快从该领域的最先进知识及发展中获益。

2.2《路线图》的目的及目标

本《路线图》主要围绕以下三点展开：

（1）界定高层建筑领域中的重点研究对象；

（2）厘清高层建筑研究领域中的不足之处（即研究空白）；

（3）提荐高层建筑研究领域中的重点主题。

“研究空白”，即成熟度非常低且 / 或极度缺乏可利用文献资源和知识资源的研究领域。

“优先主题”，即需要重点资助与科研关注的研究领域，以发展高层建筑类型学。

《路线图》的宗旨在于为全球所有参与高层建筑研究活动的机构和专业人士提供指南，以协助其开展未来的研究计划与获得研究基金，实现高层建筑类型学的最优发展。例如，此类活动可能包括以下项目：

（1）研究的资助单位可通过《路线图》为各自的项目投标树立潜在影响力，或为征集某一特定项目创造机会；

（2）研究人员 / 研究机构通过《路线图》确定其研究重点并申报研究基金；

（3）在读博士生通过《路线图》来发掘未开发且具备博士论文研究价值的主题。

《路线图》的目标群体包括了各类政府间组织、国家政府与机关、非政府组织、学术科研机构以及行业与行业组织。

值得注意的是，《路线图》并非着眼于确认不重要或价值甚微或无价值的研究。接下来几页中列举和展现的所有 368 个项目均已被首份问卷（参见下述“方法论”）的至少一位回答者认定为优先研究项目，因此，所有主题都对高层建筑存在一定价值。但是，《路线图》确实列举了被认为优先程度最高、最重要以及最不成熟（或最落后的）的研究主题，让读者们看到高层建筑从业人士对每个研究主题，以及这些主题在未来摩天大楼发展中所扮演角色的看法之间存在的所有分歧。

2.3 方法论

关于《路线图》的讨论始于 2010 年 6 月 17—18 日在威尼斯举行的 CTBUH 研究、学术和研究生工作组的成立大会（图 2），来自全球 60 个机构及 18 个国家的 80 多名研究者代表参与了会议。

之后，我们成立了一个领导小组，由来自三个支持机构：世界高层建筑与都市人居学会 (CTBUH)、国际

图 2：2010 年 6 月在威尼斯举行的 CTBUH 研究、学术和研究生工作组的成立大会

1 2010 年创立的“CTBUH 研究、学术和研究生工作组”，旨在通过推动在学术及产业层面研究高层建筑的人士之间的联系及合作填补这一空白。工作组举行了很多活动，包括暑期课程、年度会议及交流活动、学生竞赛和该领域研究支持及合作策略的开发（包括本《路线图》的开发）。

建筑与建设研究创新理事会 (CIB) 及联合国教科文组织 (UNESCO)）的重要人物组成。领导小组确定了高层建筑研究的 11 个关键领域，它们将组成《路线图》的基础，包括：

（1）都市设计、城市规划与社会问题；

（2）建筑与室内设计；

（3）经济与成本；

（4）结构特性、多种灾害防灾设计和土工技术；

（5）垂直交通与疏散；

（6）消防与生命安全；

（7）建筑外立面与表皮；

（8）建筑材料与制品；

（9）可持续设计、施工与运营；

（10）施工与项目管理；

（11）能源产生、效能与评估。

根据决定，我们将创建一系列问卷，并请高层建筑业主、开发、设计、规划、施工、咨询、运营、维护及研究方面的相关人士进行回答，来认定及优化上述领域的高层建筑研究。问卷旨在使用德尔菲法（一种涉及初始问卷结果对后来问卷设计所产生影响的系统预测过程)，使回答者可以重新评估他们的原始答案。在这个例子中，使用一份初始开放问卷创建一份可研究主题列表，列选该表的问题被认定为高层建筑领域可能被优先研究的主题。将这些主题根据共性分组，之后在第二份多选问卷中被评估及打分。为得到受访者的最大回复数，使用德尔菲法进行调整，让没有回答第一份问卷的回答者能够回答第二份。在两份问卷的设计中，我们根据最佳实践指南，在问卷规划、格式、语法及措辞方面付出了大量努力。

下文中描述的第一份及第二份问卷，分别有 245 名及 252 名专家参与了回答。

同行评审团队由来自 11 个领域中的 2 ～ 5 名重要专家组成，其成立是为了提供关于整体流程及各特定领域成果的评论及反馈。评审结果将定期在 CTBUH 研究、学术和研究生工作组的关键会议上呈现并接受审查。会议包括：

（1）作为 CTBUH 2011 年全球大会的一部分，于 2011 年 10 月 9 日在韩国首尔的 Dongbu 金融中心大楼所举行的会议；

（2）作为 CTBUH 2012 年全球大会的一部分，于 2012 年 9 月 18 日在中国上海金茂君悦酒店所举行的会议；

（3）作为 CTBUH 2013 年全球大会的一部分，于 2013 年 6 月 12 日在英国伦敦 The Brewery 所举行的会议。

下文概述了《路线图》方法论的形成流程。

问卷 1：确定优先主题

第一份问卷将目标主题划入 11 个宽泛的研究领域，旨在核对可优先研究的综合主题列表。在同行评审小组进行过初始的初步测试后，问卷于 2012 年 4 月分发出去，使用了多种方法，争取使专家回答者数量最大化。这些方法包括：

（1）向高层建筑领域研究者发送邀请邮件。

（2）向同行评审小组认定的专家发送邀请邮件。

（3）向所有曾于最近举行的高层建筑会议上发表会议论文的人士发送邀请邮件。

（4）向 CTBUH 数据库收集的所有专家（大约 20 000 个邮箱地址）群发邮件，邀请他们回答问卷。

（5）在 2012 年 5 月的 CTBUH 新闻订阅邮件及 2012 年 6 月的 CIB 通讯文章中广而告之。

（6）问卷中邀请回答者提名其他可能愿意完成调查的高层建筑领域专家。

在采用上述多种方法后，总计 245 名回答者完成了问卷。在完成问卷时，他们被要求确定最能代表他们所从事高层建筑领域的 11 大领域。之后，他们被要求自行确定他们认为该领域中最值得优先研究的 3 ～ 5 个主题。因此，如果一位回答者已确定“建筑外立面与表皮”为他从事领域的优先主题，那么他将被问到如下问题：

（1）您觉得高层建筑“建筑外立面与表皮”领域最值得被优先研究的主题是什么？请列举 3 ～ 5 个主题。

（2）“优先研究”被定义为需要优先受到资助及科学关注，以推动未来几年高层建筑发展的研究领域。在列出您的名单时，请尽量具体明确。例如，最好写“使用参数模型生成复杂的高层建筑形式”，而非“高层建筑形式”。

在列出名单后，回答者们可以挑选额外领域（如相关），并再次定义他们认为是这些领域优先研究的主题。这使得拥有不止一个高层建筑领域专业知识的回答者能够对多个领域给予建议。245 名回答者总计确认了 1 243 个主题。

方法论的下一阶段涉及对这些主题进行分类及组织，以成为形成本《路线图》结构的一系列“研究树”的一部分。在同行评审小组的协助下，类似、互补或复制的主题会被融合，过于宽泛的主题（例如：高层建筑可持续发展、高层建筑结构设计等）会被去除。每个领域中，主题都按照更宽泛的类别及子类别，以及杜威十进制图书分类法（一种协助各领域分类及进一步研究的图书馆符号系统）进行分类（参见 23 页）。

最终，初始的 1 243 个推荐主题综合成了 358 个主题，被归类到如下 11 个领域：

领域	主题数
都市设计、城市规划与社会问题	31 个主题
建筑与室内设计	31 个主题
经济与成本	26 个主题
结构特性、多种灾害防灾设计和土工技术	54 个主题
垂直交通与疏散	38 个主题
消防与生命安全	43 个主题
建筑外立面与表皮	32 个主题
建筑材料与制品	26 个主题
可持续设计、施工与运营	36 个主题
施工与项目管理	22 个主题
能源产生、效能与评估	19 个主题
总计	358 个主题

问卷 2：主题评估与排序

上述第一份问卷回答的组织形式为回答者创建了一个用于评估及打分的易控制且精炼的主题列表，作为第二份问卷的一部分。根据决定，回答者必须根据两条标准评估主题：重要程度及不成熟度。这样便能确定回答者为每个主题指定的价值水平（重要程度），回答者对每个主题发展水平的看法，识别回答者是否觉得存在研究空白领域（不成熟度）[2]。正如第一份问卷，回答者最初被要求确认他们所从事高层建筑领域的 11 个主要领域，然后被引导至该领域的主题列表，并给这些主题打分。因此，如果一位回答者已将“建筑外立面与表皮”确定为他所从事领域的主题，他将获知如下内容：

下文为 2012 年 4 月发布的第一份问卷中，专家已确定的“建筑外立面与表皮”领域的 32 个研究主题列表。请确定每个主题的重要程度和成熟度。请您通过给每个主题打分（分值范围：1 ～ 5 分）来确定它们的重要程度及成熟度。如果您无法评价某主题，或者不知道某主题是否重要 / 成熟，请跳过该问题。但是，回答者必须尽可能地回答更多问题。

评估排序如下所示：

（1）研究主题重要程度：

就未来十年高层建筑的发展目标来看，您对该主题重要程度的看法如何？

· 完全不重要

· 有点重要

· 比较重要

· 非常重要

· 极其重要

（2）研究主题成熟度：

您对有关该主题的现有知识及理解的成熟度的看法如何？

· 非常成熟

· 有点不成熟

2 实际问卷问题针对的是“成熟度”而非“不成熟度”，分数越高意味着该主题更加先进（成熟）。我们讨论之后将评分逆转，标示“不成熟度”以表明得分越高则优先度越高，使得条件及范围与“重要程度”范围保持一致。“成熟度”的原始分数因此将被逆转，以实现它们当前的“不成熟度”排名。

· 中等不成熟
· 非常不成熟
· 极其不成熟

此外，同行评审小组进行初步测试之后，问卷于2013年3月分发，并通过如下方法进行了推广：

（1）向第一份问卷回答者发送邀请邮件；

（2）向CTBUH数据库收集的所有专家（大约20 000个邮箱地址）群发邀请邮件；

（3）在3月版CTBUH新闻订阅邮件中广而告之；

（4）向反馈最少的领域（例如：经济与成本、施工与项目管理）的专家发送邮件。

在完成上述过程后，252位回答者完成了第二份问卷。跟第一份问卷一样，回答者可以完成多个领域的调查，所以最终完成的横跨11个领域的347份问卷总体如下：

领域	第二份问卷的回答者数量
都市设计、城市规划与社会问题	38
建筑与室内设计	76
经济与成本	9
结构特性、多种灾害防灾设计和土工技术	62
垂直交通与疏散	22
消防与生命安全	33
建筑外立面与表皮	32
建筑材料与制品	16
可持续设计、施工与运营	28
施工与项目管理	12
能源产生、效能与评估	19
总计	347

问卷完成之后，我们对数据进行了处理及管理。每个主题的重要程度及不成熟度均已按5分制得出了平均分，这些分数加总创建了一个十分制的“优先指数”：该指数用于确定多个研究主题的优先次序。优先指数得分范围为2分[3]（“完全不重要”和“完全不成熟”）至10分（“极其重要”和“极其不成熟”），分数越高代表研究优先级越高。但在实际结果中，所有358个主题的优先指数得分均处于5.0～8.3之间，详见图3。

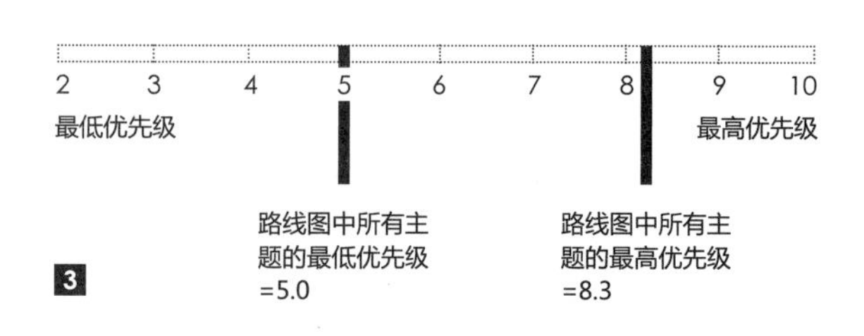

图3：第二份问卷结果——11个领域的优先级分布范围

优先指数得分被用于定义11个领域中的主题排序；因此，每个领域中排名第一的主题也就是优先指数得分最高的主题。

最终结果和得分经过核对后展示于“研究树”中，详见《路线图》余下内容。各领域均提供了额外注解以确定趋势并提供来自同行评审小组的评论。

2.4 总体观察

我们通过一系列的观察活动对第二份问卷的结果进行了编码，详见下文所述。此外，《路线图》中，横跨多领域的若干特定主题作为优先研究主题突出强调，结论中将对这些主题进行讨论（详见101页）。

1. 研究重要程度

高层建筑的设计、施工及运营从业者认为关于高层建筑主题的相关研究都非常重要。回答者排序并评估的

3 重要程度从1～5分不等，未成熟度也从1～5分不等。所以优先指数从2～10分不等，如图3所示。

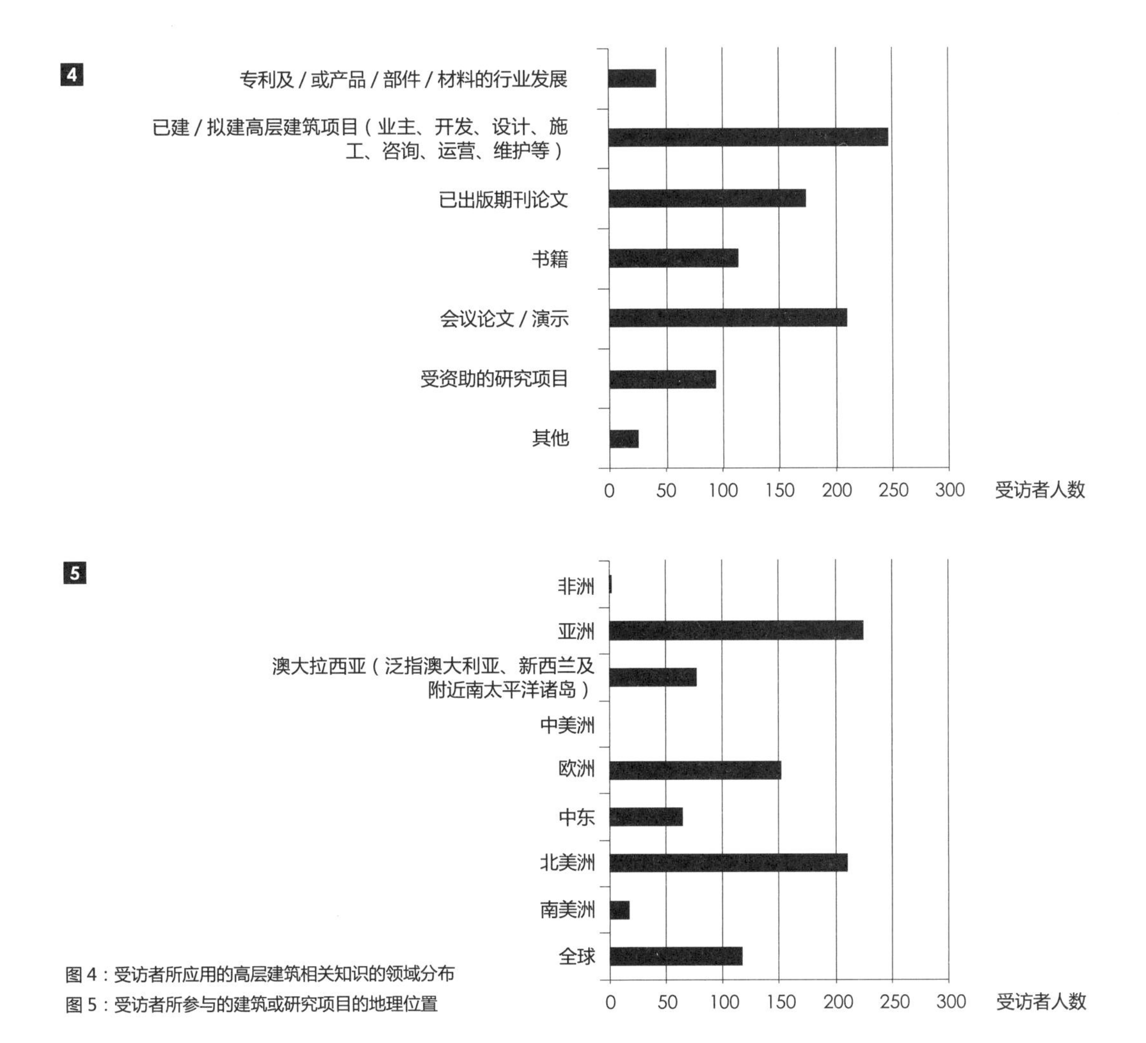

图 4：受访者所应用的高层建筑相关知识的领域分布

图 5：受访者所参与的建筑或研究项目的地理位置

358 个单独主题中，有 186 个在重要程度上得到了 4.0（非常重要）甚至更高的平均分，尽管这样的结果不足为奇。这相当于所有主题中有 52% 的主题被认为非常重要。只有 5 个主题（仅占总数的不到 1%）在重要程度上得到了低于 3.0（一般重要）的平均分。

这表明该领域的专家确实认为科研方法对于接下来十年的行业发展是非常重要且不可或缺的。

2. 研究不成熟度

高层建筑设计、施工及运营从业者认为关于高层建筑的研究基本上不成熟且落后。

高层建筑类型学本身就不够成熟。从第一批摩天大楼首先崛起于芝加哥及纽约到现在，时间还不到 130 年，在某些地区，高层建筑的出现还仅仅是近几年的事情。因此，问卷完成者觉得高层建筑领域的研究相对不成熟且落后，这可能并不奇怪。在回答者排序及评估的 358 个主题中，有 293 个主题（82%）在未成熟度上得到了 3.0（中等不成熟）或更高的平均分，这表明多数主题需要进行明确且紧迫的研究，以提高现有的知识及理解。

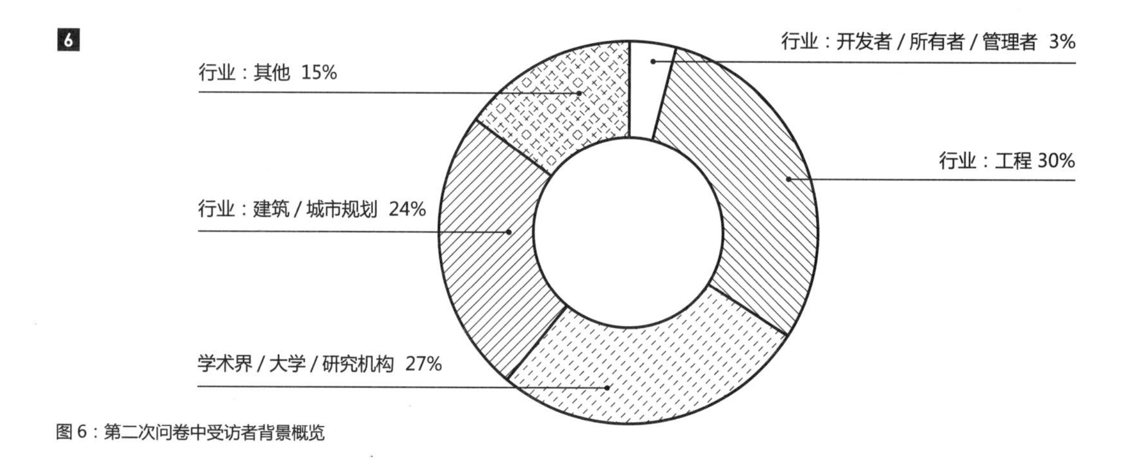

图 6：第二次问卷中受访者背景概览

某些领域中，这一趋势比其他领域更加明显。尤其是“经济与成本”和“能源产生、效能与评估”领域，所有主题在不成熟度上均得到了 3.0 分或更高的分数。

2.5 研究的局限性

《路线图》的方法论及研究结果受到以下情况的限制：

1. 回答者样本

《路线图》研究团队为问卷的分发及推广付出了巨大努力，因此，高层建筑专家中有一大批合理分布于各领域的人数对问卷做出了回答。这个过程在很多方面都是成功的。例如，两份问卷的多数回答者都做出过关于高层建筑的重要贡献（已完成项目、期刊论文等）（参见图 4），因此，他们是评论高层建筑主题研究优先性的理想人选。同样，回答者所参与建筑 / 研究项目的地理分布也十分广泛（参见图 5），大部分回答者工作于亚洲或北美洲。但是非洲、中美洲或南美洲工作的回答者确实很少，公平来讲，这里确定的优先研究主题列表可能并不符合这些地区的研究优先级情况。

就回答者背景来看（参见图 6），多数来自工程学、学术及建筑 / 城市设计领域，这三大群体代表了已完成问卷中 80% 以上的回答。

但其中尤其缺少来自高层建筑开发者 / 所有者 / 管理者的回答，同样，公平来讲，此处细述的优先主题可能不符合这一特定群体的需求或期望。

就 11 个单独领域的回答来看，有 4 个领域收到的已完成的第二份问卷数不足 20 份：“经济与成本”“建筑材料与制品”“施工与项目管理”以及“能源产生、效能与评估”。与其他七大领域相比，这些领域的成果可能没有那么高的关注度，除非某些作者联络并鼓励其他专家完成调查。

2. 受访者的地理位置

尽管就第二份问卷的回答者看来，亚洲好像是代表性最强的地区，但这并未反映回答者的实际地理位置，而是仅反映了他的建筑或研究项目所在区域。回答者的实际地理位置并非调查中特定问题的主题，因此真实的地理代表情况仅可根据回答者所属的机构进行假定。多数回答者实际位于北美洲或欧洲，但主要在亚洲开展业务。

在提高亚洲专业人士及研究者参与度上我们付出了巨大努力，尤其是鼓励之前 CTBUH 2011 年首尔会议及

2012 年上海大会的亚洲演讲者参与调查，并利用编辑的个人关系发送私人邮件。但从结果来看，受访者的人数远不够代表该地区所拥有的高层建筑数目。这反映出了调查中存在文化 / 语言障碍，或者说在代表性不强的地区我们缺乏当地专家。

3. 改变研究优先级的新趋势、新事件的出现

此处概述的《路线图》方法论依赖于初始开放问卷（完成于 2012 年 4 月）生成优先主题，之后第二份问卷对这些主题进行排序及评估。因此，在这份初始问卷完成后所出现的任何研究主题均未计入考虑范围。例如，飓风桑迪的后果及影响——其在 2012 年 10 月对纽约造成了重大影响。其后，有人提出纽约的建筑在面对气候变化及洪水方面比之前认为的更加脆弱，人们呼吁要让这座城市的建筑群在面对此类灾难事件时更加坚韧。但是，这个坚韧概念未反映于《路线图》建议的优先主题中，尽管它有可能成为高层建筑城市中的重要研究优先主题。

因此，尽管《路线图》旨在为接下来十年中的必要高层建筑研究提供指引，但读者需明白可能出现未知而无法预测的事件（例如飓风桑迪、“9 · 11”事件、气候变化问题等），而这些事情可能改变高层建筑产业的研究需要及需求。

4. 跨学科研究主题

本研究的开始，我们就将《路线图》中确认的研究主题分成了 11 大主要类别。

这一决定背后的主要推动因素是创建能够让回答者在相对短的时间内完成易于管理的问卷的需求，而非创建一个包括 300 多个主题的单一问卷（这可能会阻碍受访者回答问卷）。

但是，高层建筑是非常复杂的实体，关于高层建筑的研究主题通常横跨多个领域及学科，而非属于任何一个特定领域。因此，《路线图》中的主题分类之后，我们付出了很大努力将主题归纳入最合适的领域，考虑人们通常将哪个领域与某主题联系起来，与特定研究相关的主要学科是哪个。例如，“高层建筑生命周期的成本分析”位于“经济与成本”领域，而非“建筑外立面与表皮”领域。

但是，在采用本方法论时，有时主题会被放置在可能限制某些受访者对其进行评估的类别中。在上述例子中，“建筑外立面与表皮”方面的专家不可能也完成了“经济及成本”问卷，因此不能对“高层建筑生命周期的成本分析”的重要程度及不成熟度进行打分。我们为使这一问题的影响最小化付出了巨大努力，例如，允许回答者完成他们熟悉的不止一个领域的问卷，以及使受访者有机会在《路线图》中就多个领域中类似或互补的趋势及主题作评论或进行比较。

2.6 杜威：通用信息

在《路线图》的各领域中，主题根据更宽泛的类别及子类别进行组织，这些主题已使用杜威十进制分类法（Dewey Decimal Classification，DDC）进行编号。这是一种运用阿拉伯数字的图书馆符号系统，由 Melvil Dewey 于 1873 年编制而成，首先发表于 1876 年。DDC 提供了一种为人类知识分类的方法论，并提供了搜索图书馆档案并组织图书馆书架的简单而有逻辑的组织方法。

杜威十进制图书分类法现用于 135 个国家，并被翻译成了 30 多种语言，因此它是使用最广泛的分类系统。

由于多个领域知识的发展，杜威十进制图书分类法自 19 世纪末发明之后，至今依旧在不断更新。十进制分类编辑政策委员会（Decimal Classification Editorial Policy Committee，EPC）（一个拥有 10 名成员的国际委员会）每年举行一次会议，对这个系统进行审核并更新。杜威十进制图书分类法每 6 年出版一次新版本（最新的第 23 版发布于 2011 年），但在线版每月更新一次。

杜威十进制图书分类法将知识世界分成了 10 个大类，以三位数表示。一份出版物通常至少以一个三位数进行标记：

000——总论

100——哲学、超心理学与神秘学、心理学

200——宗教

300——社会科学

400——语言

500——自然科学与数学

600——技术

700——艺术、美术与装饰艺术

800——文学与修辞

900——地理学、历史与辅助学科

每大类随后被细分 10 次，每次细分均划分出 10 个额外类别。杜威十进制图书分类法由此形成 10 个大分类（class）、100 个中分类（division）和 1 000 个小分类（section），三位数中第一位数代表大分类，第二位数代表中分类，第三位数代表小分类：

XXX：DDC 数字（720：建筑）

X：大分类（7：艺术、美术与装饰艺术）

X：中分类（2：建筑）

X：小分类（0：建筑）

在基础的三位数及小数点后，可以使用同样原则进一步细分，类似数字确定拥有类似主题及相关联主题的出版物。这个系统在书目研究方面非常有用。杜威十进制图书分类法是个层级化的符号系统：每个主题都是从属于上级和其上所有更加广泛的主题。示例：

720.483：高层建筑

720= 建筑

4= 特殊主题

8= 按形状分类建筑

3= 高层建筑

出版物的分类按照学科而非科目安排。这意味着根据不同的学科，一个科目可能拥有多个编号。例如“基础”主题可按照不同学科进行研究，因此拥有不同的杜威十进制图书分类编号：

721.1（建筑）

690.11（施工）

624.15（结构工程学）。

但是在《路线图》中，为了将所有相关的杜威编号指定给单一研究主题，并反映不同学科在每一个给定主题研究中的分布，我们忽略了层级。

正如本出版物标题所声明的那样，《路线图》是一个用于未来研究的工具。考虑到主题相关文献及科学研究的两个预备步骤的“最一流水平”性质，上百个研究主题的组织需要得到书目支柱的支持。但是在当前文本中，不可能将一个杜威编号指定给所有已建议的主题。

符合本书中这些建议研究主题（或类别 / 子类别）的杜威十进制图书分类法编号因此可以作为图书馆及出版界的导航仪。杜威编号将纷繁复杂的书籍总结入一个系统命名法，让研究者能够自发查找、选择甚至撰写这些出版物。

2.7 本《路线图》所使用的杜威分类法

000 计算机科学、资讯与总类

000 计算机科学、知识与系统

004 资料处理与计算机科学

005 计算机编程、程序与资料

100 哲学与心理学

150 心理学

150.1 心理学与理论；系统，观点

152.1 感官知觉

152.14 视觉知觉

155.93 特定情况影响

155.94 社区与房屋影响

300 社会科学

300 社会科学，社会学与人类学

307.1 规划与发展

307.2 社区内的人口迁入 / 迁出

307.76 都市社区

330 经济学

330.91732 都市经济学

333 土地与能源经济学

333.332 土地价值与价格

333.337 都市土地

333.338 建筑与其他固定装置

333.7 土地、娱乐与荒野区、能源

333.791 能源保护

338.54 经济波动

338.542 商业周期

338.73 合作关系

338.9 经济发展与增长

338.927 合适的技术

360 社会问题与社会服务

363.1791 有毒化学物质

363.3 公共安全其他方面
363.34 灾难
363.37 火灾
363.378 补救措施、服务、协助形式
363.3781 营救作业 – 防火
363.69 历史性建筑保护
363.7284 废水

500 科学

510 数学
519 概率与应用数学
550 地球科学与地质学
551.525 气温

600 应用科学

600 应用科学
604.7 危险物品技术
620 工程学
620.110287 测试与测量
620.112 材料性能与无损检验
620.1122 防腐、防分解、防恶化
620.1123 防止机械变形（材料力学）
620.1124 防止特定机械压力
620.11242 压缩
620.11243 扭转
620.11248 振动
620.3 机械振动
620.82 人因工程学
620.86 安全工程学
621.042 能源工程学
621.389 安保、录音、相关系统
621.4 原动力与热工学
621.4022 热传递
621.45 风机
621.47 太阳能工程
621.8 机械工程
621.8676 自动扶梯
621.877 电梯
624 土木工程
624.15 基础工程学与工程地质学
624.17 结构分析与设计
624.171 结构分析的特定元素
624.172 负载
624.175 风力负载
624.176 压力与拉力（变形）
624.177 结构设计与特定结构元素
624.1771 结构设计
624.1773 桁架与框架
628.1 供水
628.92 防火与救火技术
628.922 防火技术
628.9223 防火与阻燃
628.9225 火灾探测与警报
629.2772 加热器、通风设备、空调
640 家政学及家庭生活
644.6 管道工程
650 管理与公共关系
657.833 金融与房地产
658.2 工厂管理
658.202 维护管理
658.404 项目管理
658.4083 环境保护
658.477 火灾与其他灾难防护
658.5 生产管理
658.562 质量管理
658.7 材料管理
659 广告与公共关系
690 建筑与建造
690.028 辅助技术与程序、仪器、设备
690.0287 建筑 – 施工 – 测量
690.1832 自动扶梯 – 建筑施工
690.22 安全措施
690.24 维护与维修
691 建筑材料
691.1 木材
691.2 天然石料
691.3 混凝土与人造石料
691.4 陶瓷与黏土材料

691.5 砖石黏合剂
691.6 玻璃
691.7 铁与钢（黑色金属）
691.8 金属
691.9 其他建筑材料
691.95 绝缘材料
692 辅助建造工作
692.3 施工规格
692.5 劳力、时间、材料预算
693.8 特定目标施工
693.82 防火施工
693.832 热绝缘
693.85 抗冲击施工
693.852 抗地震施工
693.892 防水施工
693.96 玻璃
693.97 预制材料
696 公用事业
697 供暖、通风、空调工程学

700 艺术、美术与装饰艺术

710 城市及景观艺术

711 区域规划（城市艺术）
711.4 当地社区规划（城市规划）
711.42 基于环境的规划
711.7 交通设施
711.73 机动车辆交通设施

720 建筑

720.2 混合物
720.286 改造
720.288 维护与维修
720.47 建筑与环境
720.472 能源
720.48 按形状划分建筑、带天井建筑
720.483 高层建筑
720.87 残障人士专用建筑
720.9 历史、地理、人物处理
721.0449 其他材料
721.04496 玻璃 – 建筑施工
721.04497 预制材料 – 建筑施工
721.2 墙壁
721.83 垂直通路方式
721.832 楼梯
721.833 电梯
725.38 机动车辆交通建筑
729 设计与装饰
729.1 垂直面设计
729.24 内部安排
729.28 灯光
729.29 音响效果

740 绘画与装饰艺术

747 内部装饰

3.1 都市设计、城市规划与社会问题

3.1.1 问卷样本

您主要在哪个地理区域从事“都市设计、城市规划与社会问题”方面的工作？（图 7）

您曾将“都市设计、城市规划与社会问题”方面的知识运用于以下和高层建筑相关的领域吗？（图 8）

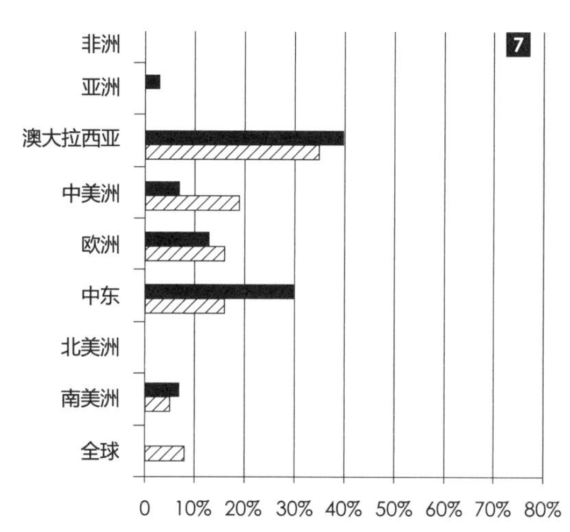

图 7：问卷统计：按地理区域

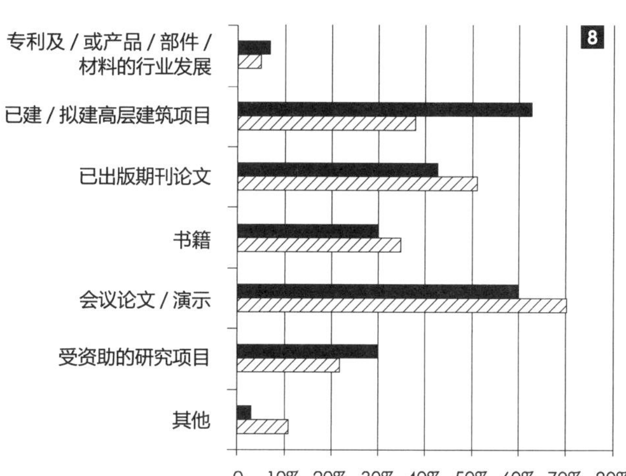

敬请留意：该问卷并非单选，以上选项的百分比之和可能超过 100%。

图 8：问卷统计：按知识运用的领域

3.1.2 阶段 1：确定优先主题

下方的“研究树”大致列出了第一次问卷调查结果所界定的不同主题，均属于“都市设计、城市规划与社会问题”领域应当重点关注的研究对象。调查组已对该系列主题进行以共性特征为标准的分组归类，并随之通过第二次问卷调查进行了重要性与研究不成熟度的排序来获取最终结果（详见下文“主题评估与排序”）。以下主题按照较宽泛的大类别与子类别进行了组合，括号内的数字代表每一个研究方向在杜威十进制图书分类法中的编号，方便读者日后检索对应领域的知识进行深入研究。如需深入了解该体系，请参见第 23—26 页。

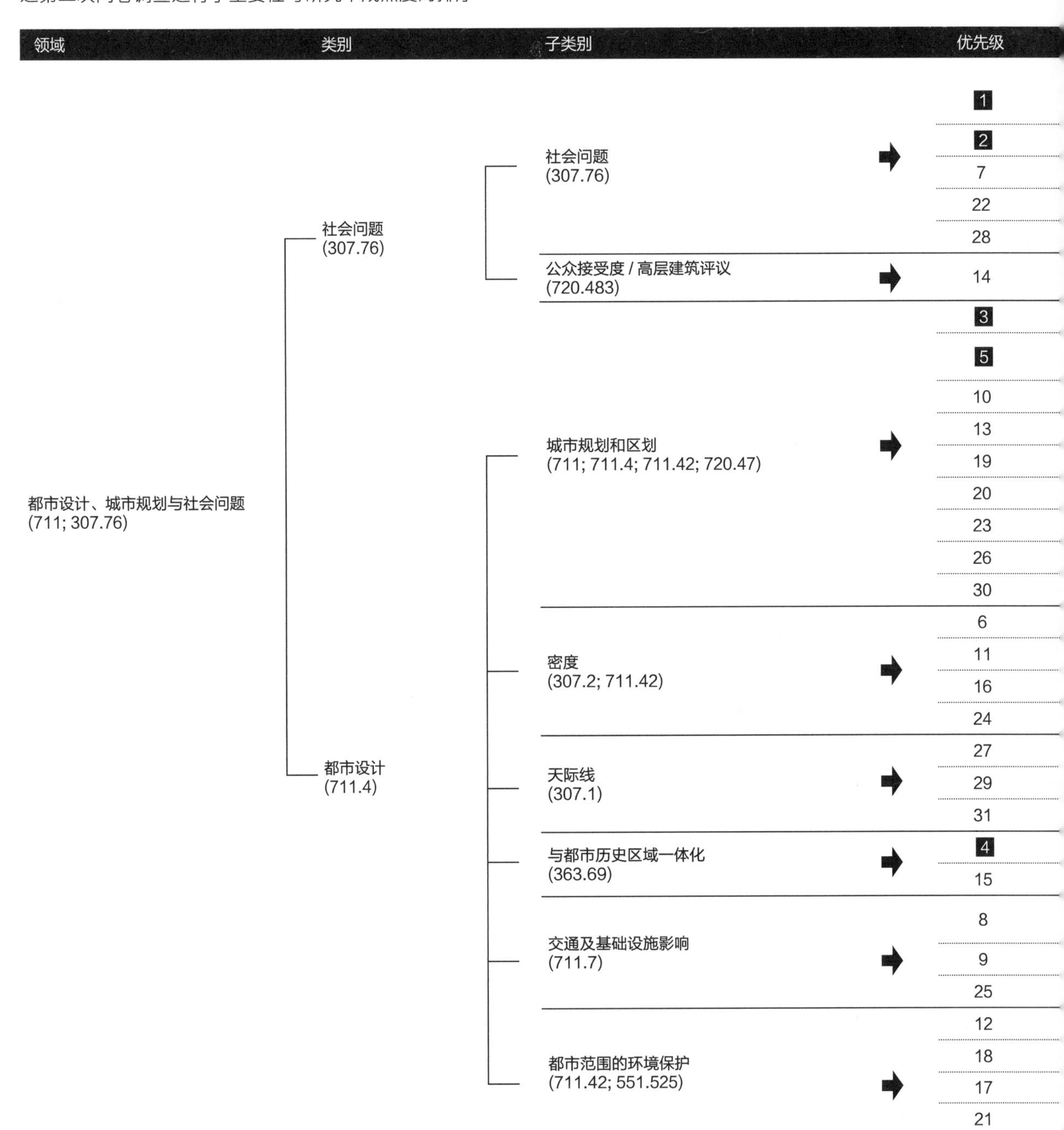

3.1.3 阶段 2：主题评估与排序

优先指数：根据第一次问卷所界定的重点主题，第二次问卷要求问卷受访者以重要性和研究不成熟度为基础，为所有的主题排序和打分（重要性：1= 完全不重要，5= 极其重要；研究不成熟度：1= 非常成熟，5= 极其不成熟），加总所有得分便可得到“优先指数”，该指标就是“优先级排序”（详见左侧表格）的依据。排序突显了接下来几年该领域最需要关注的重点主题。排名前五的主题得分以黑底色块突出显示，便于查看。如需获得关于该排序定义的详细解释，请参考第 19 页。

主题	重要性	不成熟度	优先指数
都市 / 城市范围内高层建筑的社会可持续性发展的调查研究（包括对社会行为的影响、社区及生活方式、高层建筑的社会需求、中心城市隔都化、不同地理位置的社会影响等）	4.7	3.2	**7.8**
确定高层建筑的最佳高度、密度及体量，为城市居民创造适宜的社会互动与交流的研究	4.5	3.1	**7.6**
都市 / 城市范围内高层建筑的文化影响的调查研究	4.2	3.2	7.4
高层建筑人口特征及生活趋势的调查研究	4.0	3.0	7.0
探索“鬼城”之形成及它们和都市快速发展及高密度建造的关系	3.5	3.3	6.8
高层建筑的公众接受度及自豪感的探索与研究（包括不同语境、邻避主义等）	3.8	3.4	7.2
高层建筑群内部底层及周边步行区域的评估与改善研究（包括公共设施、社会空间、监管发展等）	4.6	3.0	**7.6**
高层建筑城市规划和监管政策的研究（包括本地城市规划、人口变迁规划、政治和金融政策、城市设计标准等）	4.5	2.9	**7.4**
高层建筑内横向连接和空中连廊，以及它们在城市高空创造额外公共领域空间的能力的研究	3.9	3.4	7.3
为都市发展探索合适高层建筑高度的研究（包括“什么高度过高”、现有限高区等）	4.3	2.9	7.2
高层建筑区划 / 开发的合适环境的调查研究（包括郊区机遇）	4.1	2.9	7.1
开发城市及辖区建模工具及软件以检测高层建筑影响的研究	4.1	2.9	7.0
高层建筑发展对周边区域影响的调查研究（例如：对周边区域特征、流通、地产价值的影响）	4.3	2.7	7.0
开发过时、空置高层建筑的可能性的探索研究（例如：拆除、翻新、整修等）	3.8	3.1	6.9
高层建筑建造用地安全性的调查研究（包括之前土地用途的影响、修复策略、有害操作及物质等）	3.6	3.0	6.6
高层建筑的密度及建造对公共开放空间可用性影响的调查研究	4.3	3.1	7.4
创立高层建筑及和城市可实现密度的研究	4.3	3.0	7.3
密度、可持续发展和高层建筑之间关系的研究（包括都市及郊区开发、案例研究分析等）	4.2	2.9	7.1
为高密度的都市生活创建新的发展模型的研究	3.9	3.0	6.9
高层建筑对城市天际线影响的研究（视觉影像、公众满意度、天际线特征等）	4.1	2.8	6.8
高层建筑对战略性都市景观影响的研究	4.0	2.6	6.6
高层建筑作为城市 / 地区标志角色的研究	3.7	2.8	6.5
历史建筑城区与附近的高层建筑的设计与整合研究（包括联合国教科文组织的指定区域、监管体系等）	4.3	3.2	**7.5**
欧洲都市语境中高层建筑一体化的研究	3.8	3.4	7.1
高层建筑与公共交通系统一体化的研究（包括高层建筑对公共交通系统经济效益的影响、施工影响、公共机构所需资本支出、建筑意义等）	4.5	2.8	7.3
高层建筑对都市机动性影响的研究（包括对现有交通基础设施的影响、高层建筑区域入口、过度拥挤等）	4.3	3.0	7.3
高层建筑的发展对当地基础设施服务影响的调查研究（供水系统、电力、天然气、污水处理能力等）	4.1	2.8	6.9
高层建筑对周边都市区域环境影响的研究（包括光照、风力、步行区域的向下气流等）	4.3	3.0	7.2
高层建筑区内地区能源 / 水系统的研究	3.8	3.3	7.1
高层建筑开发区内及周围地面层生态系统及景观美化的研究	4.0	3.1	7.1
高层建筑及高层建筑群对都市热岛效应影响的探索研究	3.9	3.0	6.9

3.1.4 优先级最高的前五个主题

主题	优先指数
1 都市 / 城市范围内高层建筑的社会可持续性发展的调查研究（包括对社会行为的影响、社区及生活方式、高层建筑的社会需求、中心城市隔都化、不同地理位置的社会影响等）	7.8
2 确定高层建筑的最佳高度、密度及体量，为城市居民创造适宜的社会互动与交流的研究	7.6
3 高层建筑群内部底层及周边步行区域的评估与改善研究（包括公共设施、社会空间、监管政策的发展等）	7.6
4 历史建筑城区与附近的高层建筑的设计与整合研究（包括联合国教科文组织的指定区域、监管体系等）	7.5
5 高层建筑城市规划和监管政策的研究（包括当地城市规划、人口变迁规划、政治和金融政策、城市设计标准等）	7.4

3.1.5 重要发现

在“都市设计、城市规划与社会问题”领域，确认了 31 个具备相关重要程度及 / 或不成熟度的主题。该领域的问卷回答者给出了重要程度很高的总体分数，大部分主题都得到了高于 4 分（非常重要）的平均重要程度分数。没有主题得分低于 3.5 分。此外，“都市 / 城市范围内高层建筑的社会可持续性发展的调查研究”这一主题的平均分在《路线图》中最高（4.7 分）。总体来说，这强调了人们已发现宽领域研究的重要性，并暗示人们可能依旧广泛认为，高层建筑和都市区域在物质及社会意义上毫无关系。

该领域的不成熟度分数范围在 2.6 ～ 3.4 之间，超过 60% 的主题得到 3.0 分（中等不成熟）或更高。这些分数比其他领域稍低，但仍然表明，人们对都市设计、城市规划和社会问题的了解不够。

“我认为主要看来，都市设计、城市规划和社会问题领域展现的成果是：将高层建筑整合入都市系统在该领域仍然是个重要而未发掘的方面。看来好像高层建筑的社会意义和该学科尤其相关，我认为这一块和我个人对研究空白领域的看法一致。”

Michael Short，英国布里斯托尔，西英格兰大学

3.1.6 领域内优先研究的主题

可从研究成果得出的主要发现之一为：需要对关于都市范围内高层建筑的社会可持续性进行更多相关研究，优先指数得分最高的两个主题都与这一发现有关。这类发现也得到同行评审小组的支持。

“我们确实需要对跨代生活方面的宜居性进行更多研究。针对老年人或针对年轻单身专业人员，或针对有儿童家庭的高层建筑存在很大不同。规划者在考虑我们在家庭结构方面所需要的社区类型吗？不然，我们可能最终失去这种年龄多样性（更不用提阶级多样性），这长期来看可能并不健康。”

Robert Lau，美国芝加哥，罗斯福大学；Jon DeVries，美国芝加哥，马歇尔·班纳特房地产研究院

尽管该领域的研究已得到发展，但社会可持续性仍然是个重要的研究空白领域，也是高层建筑领域需要优先研究的领域，这一领域亟需在社会发展上取得成功的垂直社区范例，以作为案例研究来教育对这一生活方式并不熟悉的人群。

由第一份开放问卷回答者所建议，若干归于“都市 / 城市范围内高层建筑的社会可持续性发展的调查研究”主题下，更加具备针对性的研究陈述包括：

- 超高层建筑如何影响其内部及周围的人类行为？
- 都市人居环境内容积率及社会行为相关关系的研究。
- 高层建筑在社会上是可持续发展的吗？他们给城市生命力及城市中居住生活的人们的生活方式带来了重大好处吗？
- 高层建筑是否是针对有限富裕精英人士的发展，

或高层建筑是否为城市中更广范围的社会群体提供了资产的研究。这类研究应包括为给高层建筑让位而可能出现的居民移置，也可包括开发区内的公共资源（例如绿地或地铁入口）。

• 都市密度的研究，特别是作为都市生活质量的积极因素的“垂直密度”。

另有两个主题在重要程度上得到了问卷回答者的高分。“高层建筑城市规划及监管政策的研究”得到了 4.5 分的重要程度分数，尽管同行评审小组提议此类研究可能会很“棘手”，因为某些城市可能不会提供关于监管政策的数据，而且成功的研究不一定表明其他市政府会效仿。“高层建筑与公共交通系统一体化的研究”也得到了 4.5 分的重要程度分数，因为人们认为由高效、便捷而廉价的交通系统带来繁荣的高层建筑社区是值得重点关注的。

3.1.7 其他研究空白领域

有意思的是，该领域排名前三的研究空白领域并未出现在优先指数发现的前五名中。这三个主题得到了 3.4 分的最高不成熟度分（介于中等不成熟及非常不成熟之间），因此可被认为是该领域的研究空白领域。这三大主题为：

• 高层建筑内横向连接和空中连廊的研究。

• 高层建筑的公众接受度及自豪感的探索与研究。

• 欧洲都市语境中高层建筑一体化的研究。

回答者认为，关于高层建筑对都市物质领域影响的研究的若干方面优先级较低，“高层建筑作为城市 / 地区标志角色的研究”“高层建筑对战略性都市景观影响的研究”“高层建筑对城市天际线影响的研究”“高层建筑发展对周边区域影响的调查研究”总体均得了低分。可能因为这类研究很成熟，关于区划及天际线的重要工作已着手进行。这里的主要例外是“历史建筑城区与附近的高层建筑的设计与整合研究”，它在该部分得到了第四高的优先指数得分。这可能是由于近些年关于敏感历史区域高层建筑移置的广泛公开辩论，例如关于伦敦及圣彼得堡 UNESCO 世界遗产区高层建筑的争议。

3.1.8 对问卷受访者分类

完成该部分第二次问卷的回答者拥有以下学科的专业背景：

1. 按专业背景划分

该领域的回答者相当平均地分布于学术及行业领域中，而行业领域中，大部分人士来自建筑 / 城市规划领域（图 9）。以下概述内容为学术及行业回答者两个阵营得分最高的三个主题。

1）学术界 / 大学 / 研究机构

• 都市 / 城市范围内高层建筑的社会可持续性发展的调查研究 (**8.0**)

• 确定高层建筑的最佳高度、密度及体量，为城市居民创造适宜的社会互动与交流的研究 (**7.9**)

• 调查高层建筑密度及建造对公共开放空间可用性影响的研究 (**7.8**)

2）建筑 / 城市规划行业

• 都市 / 城市范围内高层建筑的社会可持续性发展

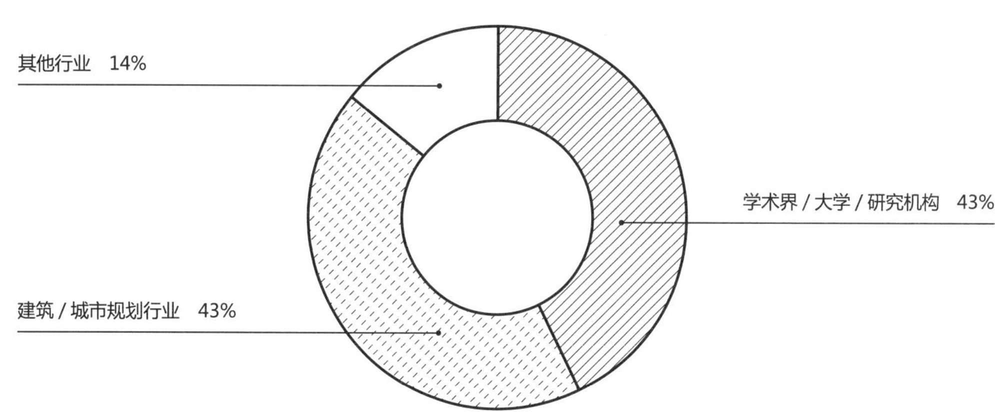

图 9：问卷回答者的专业背景分布

的调查研究 (**7.6**)

• 高层建筑群内部底层及周边步行区域的评估与改善研究 (**7.5**)

• 高层建筑城市规划及监管政策的研究 (**7.5**)

结果表明两大阵营皆认为关于高层建筑社会可持续性发展的研究优先级最高。但是，行业从业者更加重视关于步行区域的规划及监管政策的研究，这当然是因为这些问题包含在实现高层建筑时建筑师所面对的主要问题之中。

2. 按地理区域划分

回答者所涉及建造 / 研究项目的位置横跨广泛的地理区域，不过没有中东地区代表。以下概述内容为四大最具代表性的地理区域得分最高的三大主题。

1）亚洲

• 都市 / 城市范围内高层建筑的社会可持续性发展的调查研究 (**7.5**)

• 高层建筑与公共交通系统一体化的研究 (**7.5**)

• 历史建筑城区与附近的高层建筑的设计与整合研究 (**7.4**)

2）澳大拉西亚

• 为高密度的都市生活创建新的发展模型的研究 (**8.0**)

• 确定高层建筑的最佳高度、密度及体量，为城市居民创造适宜的社会互动与交流的研究 (**8.0**)

• 高层建筑内横向连接和空中连廊，以及它们在城市高空创造额外公共领域空间的能力的研究 (**7.9**)

3）欧洲

• 高层建筑城市规划和监管政策的研究 (**7.8**)

• 高层建筑的密度及建造对公共开放空间可用性影响的调查研究 (**7.8**)

• 历史建筑城区与附近的高层建筑的设计与整合研究 (**7.8**)

4）北美洲

• 都市 / 城市范围内高层建筑的社会可持续性发展的调查研究 (**9.2**)

• 高层建筑的密度及建造对公共开放空间可用性影响的调查研究 (**8.6**)

• 确定高层建筑的最佳高度、密度及体量，为城市居民创造适宜的社会互动与交流的研究 (**8.5**)

此处，结果显示尽管在北美洲及亚洲，都市 / 城市范围内高层建筑的社会可持续性发展具备最高研究优先级，但是在欧洲，回答者认为历史环境中高层建筑监管政策及一体化的优先级更高，这可能因为欧洲大陆上高层建筑施工面临的规划法律及挑战更加复杂。

3.2 建筑与室内设计

3.2.1 问卷样本

您主要在哪个地理区域进行“建筑与室内设计”方面的工作？（图 10）

您曾将“建筑与室内设计”方面的知识运用于以下和高层建筑相关的领域吗？（图 11）

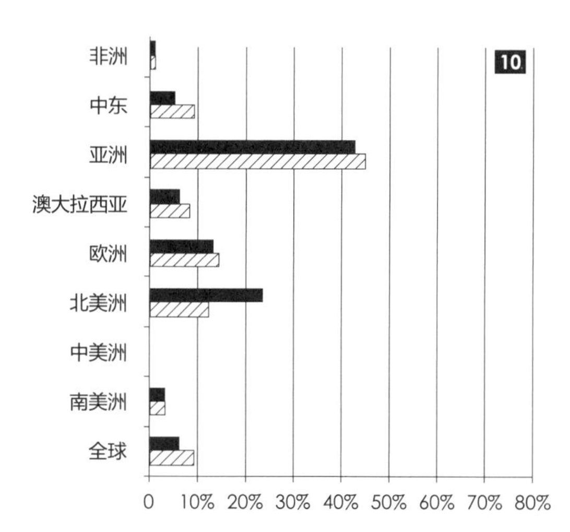

图 10：问卷统计：按地理区域

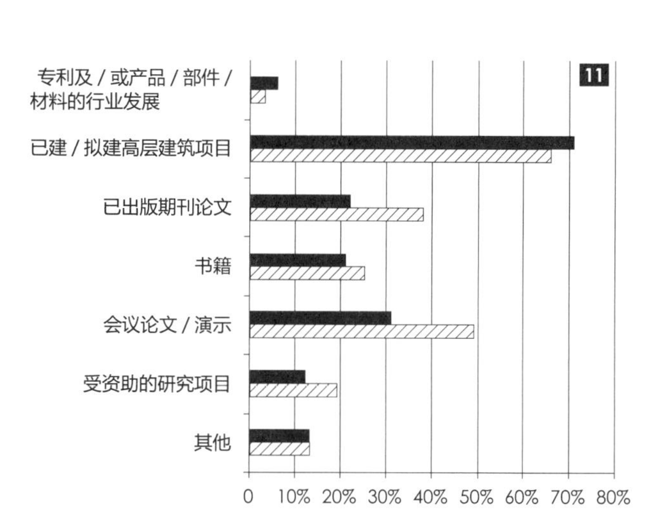

敬请留意：该问卷并非单选，以上选项的百分比之和可能超过 100%。

图 11：问卷统计：按知识运用的领域

3.2.2 阶段 1：确定优先主题

下方的“研究树”大致列出了第一次问卷调查结果所界定的不同主题，均属于“建筑与室内设计”领域应当重点关注的研究对象。调查组已对该系列主题进行以共性特征为标准的分组归类，并随之通过第二次问卷调查进行了重要性与研究不成熟度的排序来获取最终结果（详见下文“主题评估与排序”）。以下主题按照较宽泛的大类别与子类别进行了组合，括号内的数字代表每一个研究方向在杜威十进制图书分类法中的编号，方便读者日后检索对应领域的知识进行深入研究。如需深入了解该体系，请参见第 23—26 页。

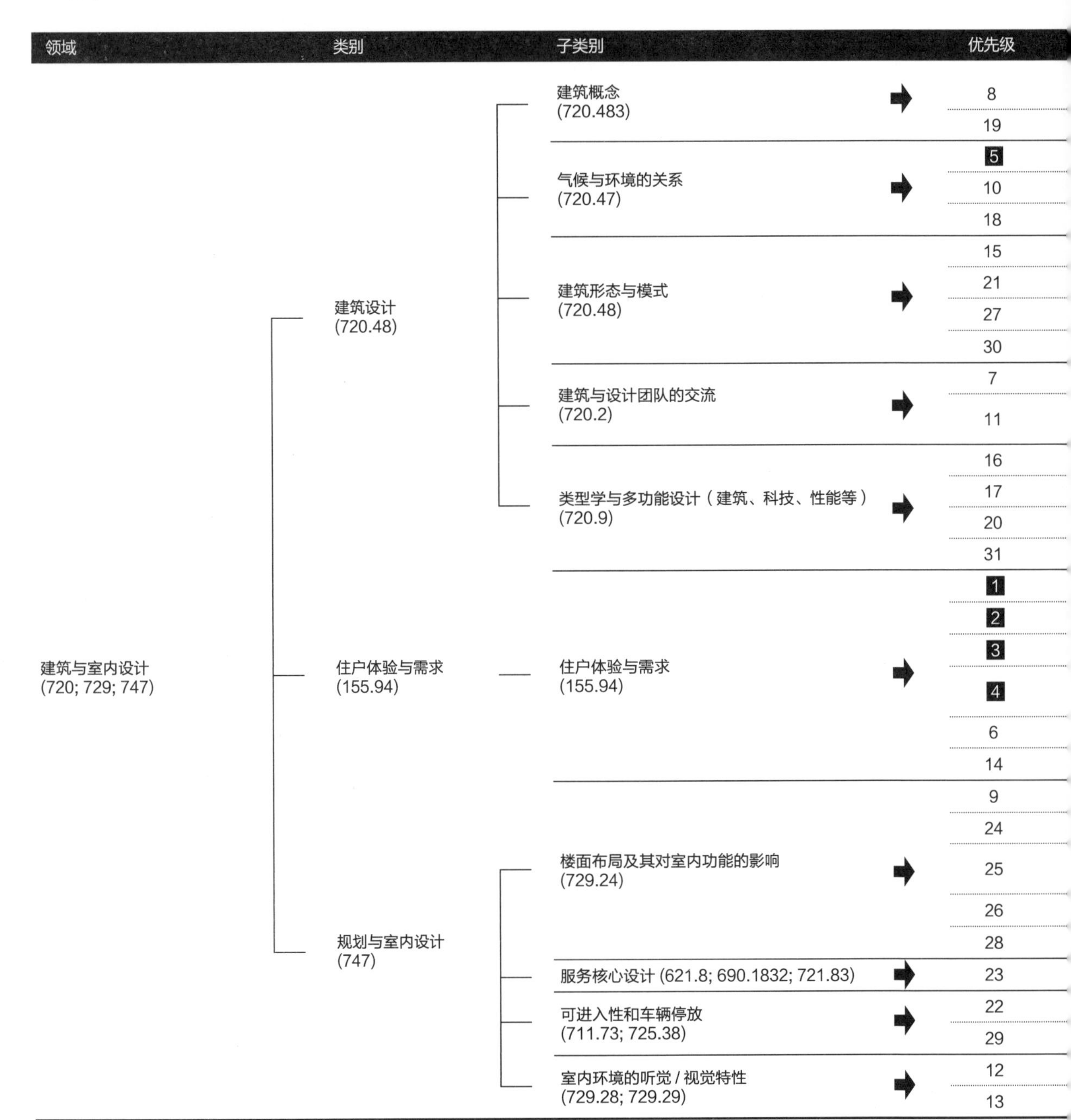

3.2.3 阶段 2：主题评估与排序

优先指数：根据第一次问卷所界定的重点主题，第二次问卷要求问卷受访者以重要性和研究不成熟度为基础，为所有的主题排序和打分（重要性：1= 完全不重要，5= 极其重要；研究不成熟度：1= 非常成熟，5= 极其不成熟），加总所有得分便可得到“优先指数”，该指标就是“优先级排序”（详见左侧表格）的依据。排序突显了接下来几年该领域最需要关注的重点主题。排名前五的主题得分以黑底色块突出显示，便于查看。如需获得关于该排序定义的详细解释，请参考第 19 页。

主题	重要性	不成熟度	优先指数
发展高层建筑设计新理念的研究（包括仿生学、适应类型等）	4.0	3.2	7.3
基于结构性能的高层建筑设计理念的研究与发展	4.4	2.6	7.0
改善高层建筑集群与周边城区环境关系的建筑策略研究	4.6	2.9	**7.4**
改善高层建筑与当地气候之间关系的建筑策略研究	4.4	2.8	7.2
高层建筑设计中本土设计引入的可能性研究	3.6	3.4	7.0
设计、控制以及管理复杂高层建筑模式过程中建筑师辅助软件和工具的开发研究	3.9	3.1	7.0
高层建筑功能和效率最大化的探索和开发研究	4.3	2.6	6.9
高层建筑的墙墩、轴和顶点的形态形式以及这三者与周围环境相互关系的探索	3.7	3.0	6.7
高层建筑中复杂、不对称以及自由形态的建筑模式应用的研究	3.2	3.1	6.4
高层建筑设计相关学科的协作与相互影响、改善与促进研究	4.4	2.9	7.3
中国的高层建筑设计中设计开发阶段国际顾问专家缩减所造成的问题及其解决办法研究（包括对于建筑性能、质量以及设计完成度等的影响）	3.8	3.4	7.2
高层建筑中多功能和多项目混合（例如办公、居住和酒店）所带来的机遇和挑战的研究	3.9	3.1	7.0
高层建筑混合使用的研究（包括功能优化，高层建筑混合使用所带来的机遇和挑战等）	4.2	2.9	7.0
高层建筑数据库的建立研究（包括已建成的和未建成的项目）	3.9	3.0	6.9
高层建筑史研究	3.3	2.7	6.0
高层住宅对于有子女家庭住户的影响研究，以及针对有子女家庭的高层宜居条件的策略研究	4.3	3.6	**7.9**
高层建筑居民的体验、幸福度和满意度研究	4.3	3.4	**7.6**
老年人和残疾人的高层建筑居住需求研究	4.0	3.6	**7.6**
高层建筑居民的社交体验改善研究（包括功能区的合理搭配、高层建筑环境的人性化、促进社区孵育的策略等）	4.2	3.3	**7.5**
高层建筑中空中花园和空中球场对于住户社交行为影响的研究	4.0	3.3	7.3
高层建筑的混合使用中提高住户满意度的功能和服务研究	3.8	3.3	7.1
高层建筑中智能建筑科技对于规划、室内设计和住户体验影响的研究	4.0	3.3	7.2
高层建筑中植物 / 科技空间和楼层的设计研究	3.8	3.0	6.8
高层建筑中不同高度和功能的最优楼层模型研究（例如列间距、跨度、房间高度、核心筒尺寸、机电设备空间以及厕所等）	3.8	2.9	6.7
提高高层建筑中办公室内部灵活性和适应性的研究（包括技术改进、适应性分隔以及 M&E 应用等）	3.9	2.8	6.7
提高高层建筑内部布局的功能性和效率的研究	3.9	2.8	6.7
高层建筑设计中以服务为核心的研究（包括提高空间利用率、区域多功能以及设计模数的研究等）	3.9	2.9	6.8
高层建筑的公众可及性的研究（包括街道级别的空间以及像高级餐厅、观景平台等的高层空间等）	3.8	3.1	6.9
在高层建筑设计和运营过程中对于整合车辆停放的研究	3.4	3.1	6.4
高层建筑设计过程中以面对面交流、自然通风、社交、日光照明等为目的的中庭应用的研究	4.2	3.0	7.2
高层建筑底层周边区域的设计与有效利用研究（包括光线、眩光、热量以及声学性能等）	4.1	3.1	7.1

3.2.4 优先级最高的前五个主题

主题	优先指数
1 高层住宅对于有子女家庭住户的影响研究，以及针对有子女家庭的高层宜居条件的策略研究	7.9
2 高层建筑居民的体验、幸福度和满意度研究	7.6
3 老年人和残疾人的高层建筑居住需求研究	7.6
4 高层建筑居民的社交体验改善研究（包括功能区的合理搭配、高层建筑环境的人性化、促进社区孵育的策略等）	7.5
5 改善高层建筑集群与周边城区环境关系的建筑策略研究	7.4

3.2.5 重要发现

“建筑与室内设计”领域内记录了 31 个独立的主题，它们在重要性和成熟度上相互相关。性质上来讲，这是一个宽泛而全面的领域，其包含研究主题的范围很大，而这些研究又和《路线图》中其他 10 个领域有着密切的联系。所有的调查者中有 22% 的人回答了第二次问卷，是所有人数当中数量最多的一个。

调查者普遍都给予了较高的重要性估值，总共 31 个主题当中有 15 个的平均分超过 4 分（非常重要）。而平均的不成熟度得分则降到了 2.6 ～ 3.6，其中 60% 的主题得到了 3.0 分（中等不成熟）或者更高的分数，这昭示了未来该方面的研究仍旧迫切需要。

3.2.6 领域内优先研究的主题

对于住户在高层建筑中工作生活的社会生理学体验的研究十分迫切，这也许是其中最重要的一个发现，6 个最高等级的主题之中有 5 个都与之相关。实际上，调查者们给予“住户体验与需求”子范畴内如此多的主题高等级，而给予“具体设计”中等等级，“高等建筑功能和效率”方面低等级，这一点比较突出。

对于高层建筑住户体验的重视体现了现在对于一些高层建筑居住领域研究的迫切需求，这些领域之前并未受到重视，例如有子女的家庭、残疾人以及老年人。部分原因可能是由于城市化的加剧、人口增加和人口统计学的变化，将来越来越多的人们会在高层建筑里居住，这一点是确定的。

“鉴于世界上老年人口与日俱增，与之相关性最强的主题应该是‘老年人和残疾人的高层建筑居住需求研究’。老年人和残疾人所面临的与身体能力限制相关的可量化标准可以作为本主题的研究方向。与失忆、思维混乱以及其他心理疾病相关的研究同样也是十分有价值的。”

Moria Moser，美国建筑师协会会员，中国香港，穆氏有限公司

在本研究中，主题优先值与社会稳定性、住户感受相关，《路线图》的第一部分（都市设计、城市规划与社会问题）的数据同样反映甚至强化了该结论（详见第 27 页）。

“改善高层建筑集群与周边城区环境关系的建筑策略研究”得到了本部分重要程度分值的最高分（4.6）。然而在此情况下，“城市 / 区域地标中的高层建筑的作用研究”“高层建筑对战略性城市景观影响的研究”“高层建筑对城市地平线影响的研究”等主题在业内被认为具有较低的优先级，这种得分情况与“都市设计、城市规划与社会问题”调查的结论相冲突。不过“历史建筑城区与附近的高层建筑的设计与整合”主题在“都市设计、城市规划与社会问题”中获得了很高的排名，这说明了为什么高层建筑与周边城市语境的关系的某些方面会被认为相较其他主题具有极高的研究优先性，3.1 节研究领域中的额外特例进一步说明了这一问题。

3.2.7 其他研究空白领域

在不成熟度上，有关于家庭、儿童、老年人及残疾人生活经历的研究主题再次得到了最高分 3.6 分（介于中等不成熟与非常不成熟之间），因此该主题可以被视

作是领域内主要的研究空白。

令人有些出乎意料的是，有关高层建筑设计（包括内部布局、楼板测量、植被及技术空间、核心筒设计等）的功用及效能的主题被认为具有较低的研究优先级、较低的重要性以及较低的不成熟度。这些主题涉及高层建筑开发的主要驱动力和专业领域内重要的信息与经验。然而就像同行评审专家组的意见，这并不表示该研究会忽视高层建筑的功用。

“对于高层建筑功能和效率最大化的建筑形式的研究与探索或将成为最重大的课题，尽管现在它已经是一个成熟的课题。”

Javier Quintana De Una，西班牙马德里，IE 建筑学院

3.2.8 对问卷受访者分类

本节中的第二次问卷的受访者群体在以下领域中拥有较为专业的背景。

1. 按专业背景划分

本领域内大部分调查者具有两方面的专业背景，分别是建筑 / 城市规划行业或者学术界。其余的（大约 16%）则由工程师、业主和工程顾问组成（图 12）。以下分别是在这些群体中三个分值最高的主题。

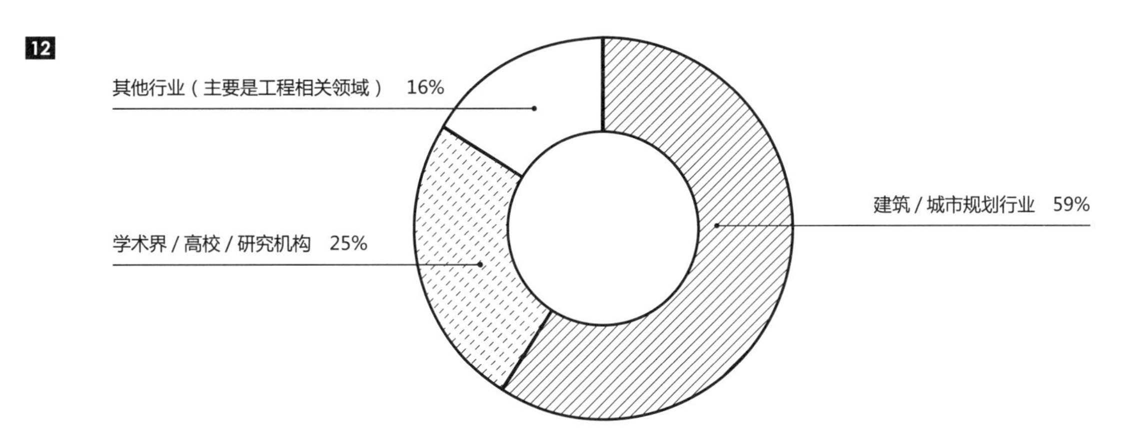

图 12：问卷回答者的专业背景分布

1）建筑 / 城市规划行业

• 高层住宅对于有子女家庭住户的影响研究，以及针对有子女家庭的高层宜居条件的策略研究（**8.4**）

• 高层建筑居民的体验、幸福度和满意度研究（**8.3**）

• 老年人和残疾人的高层建筑居住需求研究（**8.0**）

2）学术界 / 高校 / 研究机构

• 高层住宅对于有子女家庭住户的影响研究，以及针对有子女家庭的高层宜居条件的策略研究（**7.6**）

• 高层建筑居民的体验、幸福度和满意度研究（**7.3**）

• 老年人和残疾人的高层建筑居住需求研究（**7.3**）

3）其他行业（主要是工程相关领域）

• 改善高层建筑集群与周边城区环境关系的建筑策略研究（**8.0**）

• 高层住宅对于有子女家庭住户的影响研究，以及针对有子女家庭的高层宜居条件的策略研究（**7.9**）

• 老年人和残疾人的高层建筑居住需求研究（**7.8**）

这显示了结果的一致性，所有的群体都给予住户体验和生活方式相关的研究很高的优先值，具体来说主要集中在家庭、孩子、老年人以及残疾人方面。

2. 按地理区域划分

亚洲是当今高层建筑的中心，全球几乎一半以上的高层建筑地点都位于亚洲。被调查者所从事的建筑 / 研究项目的地点分布范围同样很广。以下是最具代表性的几个地理区域中前三个分值最高的课题：

1）亚洲

• 高层住宅对于有子女家庭住户的影响研究，以及针对有子女家庭的高层宜居条件的策略研究（**7.7**）

• 老年人和残疾人的高层建筑居住需求研究（**7.5**）

• 高层建筑居民的体验、幸福度和满意度研究（**7.4**）

2）欧洲

• 改善高层建筑与当地气候之间关系的建筑策略的研究（**7.8**）

• 高层住宅对于有子女家庭住户的影响研究，以及针对有子女家庭的高层宜居条件的策略研究（**7.7**）

• 高层建筑设计相关学科的协作与相互影响、改善与促进研究（**7.6**）

3）北美洲

• 高层住宅对于有子女家庭住户的影响研究，以及针对有子女家庭的高层宜居条件的策略研究（**8.7**）

• 高层建筑居民的体验、幸福度和满意度研究（**8.6**）

• 高层建筑居民的社交体验改善研究（**8.4**）

4）中东

• 高层住宅对于有子女家庭住户的影响研究，以及针对有子女家庭的高层宜居条件的策略研究（**7.7**）

• 老年人和残疾人的高层建筑居住需求研究（**7.6**）

• 高层建筑居民的体验、幸福度和满意度研究（**7.5**）

这一结果再次体现了，与住户生活方式相关的研究（包括家庭、孩子、老人和残疾人）是处于优先地位的，这一点在不同地域中都具有一致性。

3.3 经济与成本

3.3.1 问卷样本

您主要在哪个地理区域进行“经济与成本”方面的工作？（图 13）

您曾将“经济与成本”方面的知识运用于以下和高层建筑相关的领域吗？（图 14）

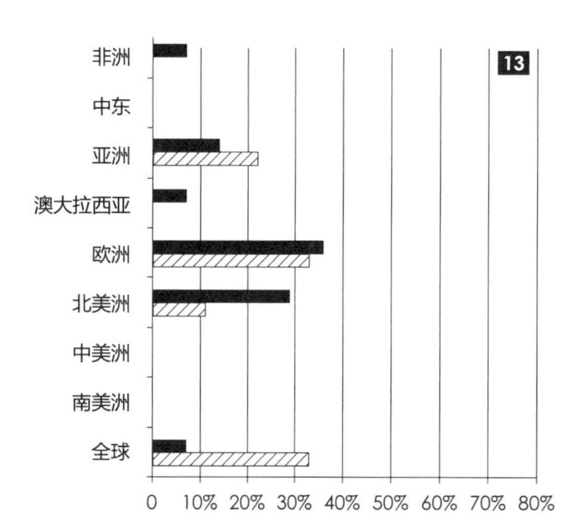

图 13：问卷统计：按地理区域

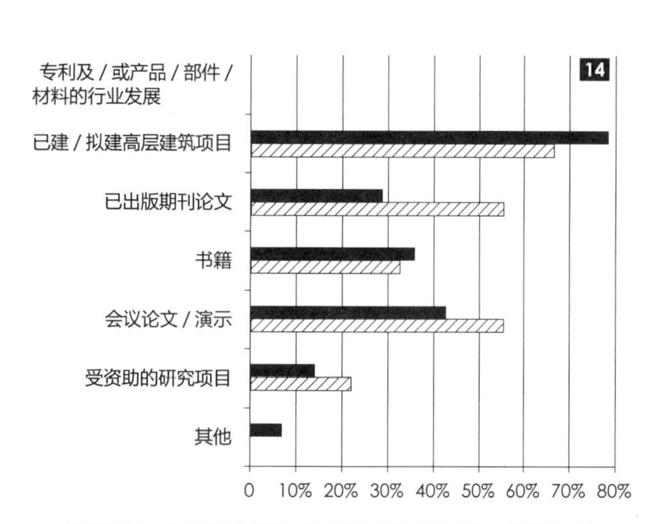

敬请留意：该问卷并非单选，以上选项的百分比之和可能超过 100%。

图 14：问卷统计：按知识运用的领域

3.3.2 阶段 1：确定优先主题

下方的“研究树”大致列出了第一次问卷调查结果所界定的不同主题，均属于“经济与成本”领域应当重点关注的研究对象。调查组已对该系列主题进行以共性特征为标准的分组归类，并随之通过第二次问卷调查进行了重要性与研究不成熟度的排序来获取最终结果（详见下文“主题评估与排序”）。以下主题按照较宽泛的大类别与子类别进行了组合，括号内的数字代表每一研究方向在杜威十进制图书分类法中的编号，方便读者日后检索对应领域的知识进行深入研究。如需深入了解该体系，请参见第 23—26 页。

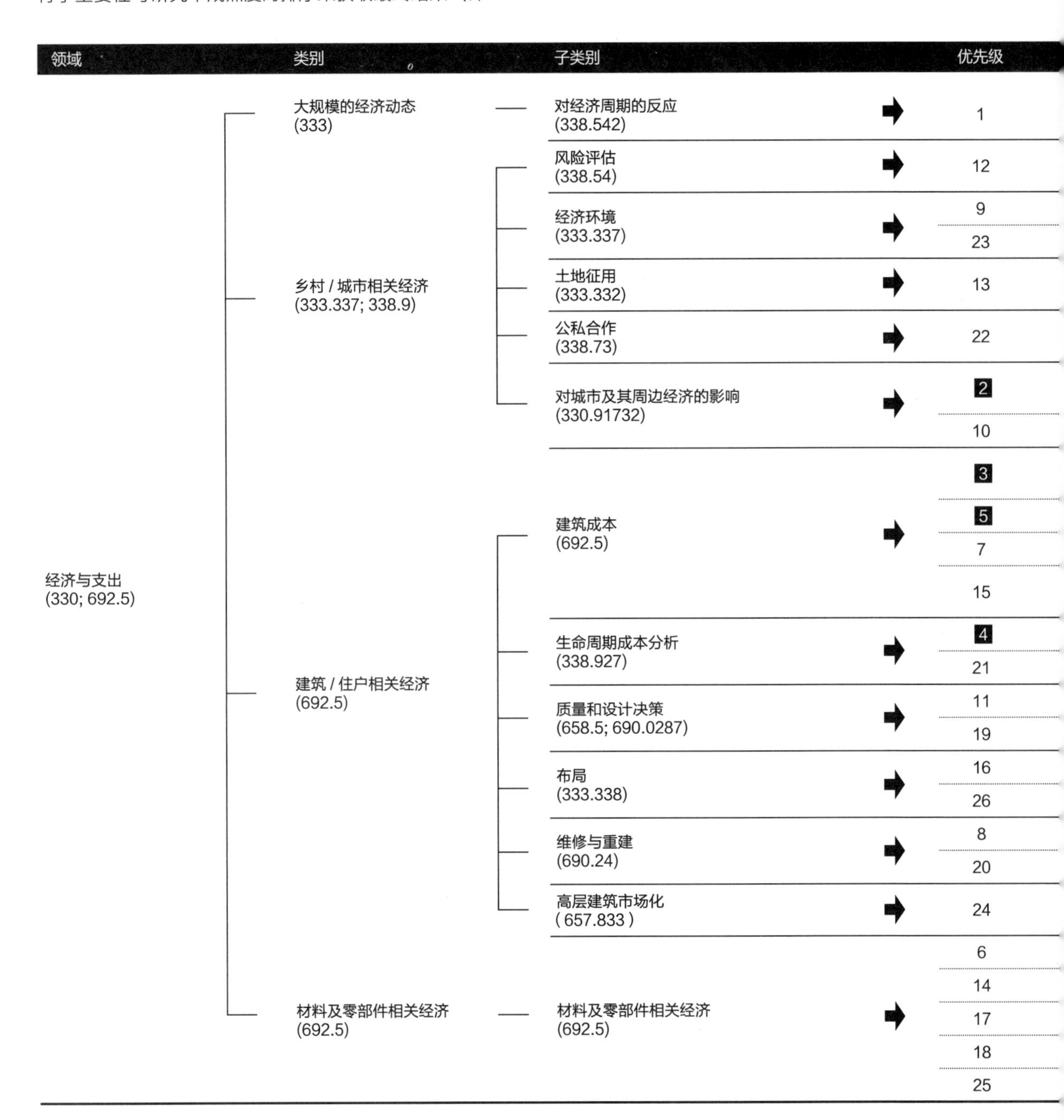

3.3.3 阶段 2：主题评估与排序

优先指数：根据第一次问卷所界定的重点主题，第二次问卷要求问卷受访者以重要性和研究不成熟度为基础，为所有的主题排序和打分（重要性：1= 完全不重要，5= 极其重要；研究不成熟度：1= 非常成熟，5= 极其不成熟），加总所有得分便可得到“优先指数”，该指标就是“优先级排序”（详见左侧表格）的依据。排序突显了接下来几年该领域最需要关注的重点主题。排名前五的主题得分以黑底色块突出显示，便于查看。如需获得关于该排序定义的详细解释，请参考第 19 页。

主题	重要性	不成熟度	优先指数
高层建筑与全球经济周期和形势之间的经济关系研究	4.7	3.2	**7.9**
高层建筑经济风险评估研究	4.2	3.1	7.3
发展中国家高层建筑经济与财务可行性研究	4.1	3.4	7.5
高层建筑建设过程中对于当地规范、法律以及市场影响的研究	3.7	3.2	6.9
高层建筑的市场价值与土地成本对比的研究	4.0	3.3	7.3
高层建筑发展过程中的公私合作以及双方在未来城市中所扮演的角色研究	3.6	3.4	7.0
测定城市 / 郊区建造高层建筑的整体经济收益和成本的研究（包括直接税收优惠和间接雇佣税收 / 开支优惠、建造易识别地标对城市的影响、周边区位的价值、外部经济效应等）	4.4	3.5	**7.9**
高层建筑的社会认可性研究	4.0	3.5	7.5
为主要的建筑决策和不同建筑类型建立成本计量方面的研究（包括位置、高度、土地使用、影响区域、楼层间隔以及结构系统等）	4.4	3.5	**7.9**
高层建筑降低建造成本的策略研究	4.4	3.3	**7.7**
高层建筑经济与可持续性之间关系的研究	4.4	3.2	7.6
高层建筑成本建模技术的研究（包括将成本建模技术更好地整合在设计过程中，性能与成本建模的整合等）	3.8	3.5	7.3
高层建筑全生命周期的成本分析研究（包括方法路径的开发，结果数据库建立等）	4.3	3.5	**7.8**
高层建筑生命周期内 BIM 的应用及其影响研究	3.3	3.7	7.0
空间和建筑（包括“地标”建筑）质量与成本之间关系的研究	3.7	3.7	7.4
高层建筑中使用者舒适度与其工作效率关系的研究	3.8	3.3	7.1
高层建筑混合使用的弹性及应变能力的经济含义研究	3.8	3.5	7.3
不同高层建筑的办公室布局对于经济（成本和税收）影响的研究	3.3	3.4	6.7
高层建筑创新与拆迁重建经济比较的研究	4.3	3.3	7.6
高层建筑维护检修的经济含义研究（包括检修时间、有不同业主的情况下维护检修人员的确定等）	3.5	3.5	7.0
高层建筑的租金走向和空置率研究（包括政府和私人企业在何种水平下应该控制高层建筑的建造，以规避由于市场条件导致不可避免的空置）	3.7	3.0	6.7
高层建筑不同外观生命周期成本的研究	4.2	3.5	7.7
高层建筑不同结构框架生命周期成本研究	3.9	3.4	7.3
高层建筑与人员货物垂直交通相关的生命周期成本研究	4.0	3.2	7.2
高层建筑与防火性能和结构性防火安全措施相关的生命周期成本研究	3.8	3.4	7.2
在设计过程中针对原材料成本波动的可替代材料的策略研究	3.6	3.1	6.7

3.3.4 优先级最高的前五个主题

主题	优先指数
1 高层建筑与全球经济周期和形势之间的经济关系研究	7.9
2 测定城市 / 郊区建造高层建筑的整体经济收益和成本的研究（包括直接税收优惠和间接雇佣税收 / 开支优惠、建造易识别地标对城市的影响、周边区位的价值、外部经济效应等）	7.9
3 为主要的建筑决策和不同建筑类型建立成本计量方面的研究（包括位置、高度、土地使用、影响区域、楼层间隔以及结构系统等）	7.9
4 高层建筑全生命周期的成本分析研究（包括方法路径的开发、结果数据库建立等）	7.8
5 高层建筑降低建造成本的策略研究	7.7

3.3.5 重要发现

在“经济与成本”领域内，我们确认了 26 个独立的主题，它们在重要性和 / 或不成熟度上具有相关性。除去本文作者为本部分作出的具体的努力（寻找领域内的专家），本部分是《路线图》中所有分类里面收到问卷数量最少的一个。考虑到近来世界经济的不稳定性以及经济和成本在高层建筑的设计和建设过程中的主要驱动作用，这一点是难以置信的。

调查者不足还反映了该领域内的主题不成熟度，其中 26 个主题无一低于 3.0 分（中等不成熟）。这同时显示了该领域内相关知识的缺失，或者是发表的数据研究的缺失（更有可能），这些工作大多都由顾问 / 专业人士完成，他们可能由于保密原因对于这些问题三缄其口。

“经济与成本范围内研究的缺失主要是由于缺少具体的建筑数据造成的，这又是由于建造商的保密条例造成的。大量建筑的成本数据、可持续性指标以及其他定量数据都是保密的，研究者们只能进行具体建筑的个案研究或者对很少一部分公开数据的建筑进行研究。”

Sofia Dermisi，美国芝加哥，罗斯福大学；Jon DeVries，美国芝加哥，马歇尔·班纳特房地产研究院

该领域的相关知识还可以通过查阅公开披露的税收信息，以及通过发展其他可以避开这一点的策略（例如适当的理论与假定等）获得。相似的问题（数据缺失）还出现在位于 95 页的“能源产生、效能与评估”一章中。

3.3.6 领域内优先研究的主题

“经济与成本”领域中中有 3 个主题达到了 7.9 分的优先指数分值。其中，“测定城市 / 郊区建造高层建筑的整体经济收益和成本的研究”这一个课题旨在对于高层建筑在一个城市 / 区域内的经济影响给出一个更加广泛（或者说更难确定）的定义。它包括以下几个具体的研究思路，它们都被划分到这个主题之下，调查者们在第一个开放式的问卷调查中给出了自己的建议：

• 高层建筑的发展在地方、省 / 州以及国家政府层面内的财政效益研究——包括直接税收利润和间接雇佣税 / 消费税利润。

• 高层建筑对于地方政府经济效益和成本的研究——特别是遇到邻避效应（NIMBY）这种反对高密度区域的决策时（译者注：NIMBY，Not in My Backyard，即强烈反对在自己住处附近设立任何有危险性、不好看或有其他不宜情形的事物）。

• 确定在发展中国家利用高层建筑建立地标以真正实现经济收益（如果有的话）的方法。

• 城市环境中高层建筑对于社会经济的影响以及城市规划和城市化的社会构架中高层建筑的财政收益研究。

• 住宅开发——是帮助还是阻碍了其周围商业 / 政府的发展？

其他两个高优先值的主题是“为主要的建筑决策和不同建筑类型建立成本计量方面的研究”和“高层建筑与全球经济周期和形势之间的经济关系研究”。后者还同时是整个《路线图》中重要性最高的一个，这很有可能是由于当代全球经济的不稳定性和对于世界高层建筑

与商业周期之间联系的大量报道所催生的。

“高层建筑全生命周期的成本分析研究”在受调查者中的得分也很高，取得了优先指数得分的第 4 名。该领域还包含了与解决具体高层建筑成分的生命周期成本相关的主题，包括外观的生命周期成本、结构体系、垂直交通系统以及消防安全和结构性防火，这些分别取得了一定的优先级（分别是第 6 名、第 14 名、第 17 名和第 18 名）。这一情况下，“高层建筑中不同外观生命周期成本的研究”这一主题优先等级很高，在重要性和不成熟度方面大于其他主题。因此，它可以被看作是未来生命周期成本领域内研究的黄金地带。

3.3.7 对问卷受访者分类

由于调查者的人数过少，通过地域或者专业背景对结果进行分类都是不现实的，其结果也没有意义，故本节未对问卷受访者进行分类。

3.4 结构特性、多种灾害防灾设计和土工技术

3.4.1 问卷样本

您主要在哪个地理区域进行“结构特性、多种灾害防灾设计和土工技术”方面的工作?(图 15)

您曾将“结构特性、多种灾害防灾设计和土工技术”方面的知识运用于以下和高层建筑相关的领域吗?(图 16)

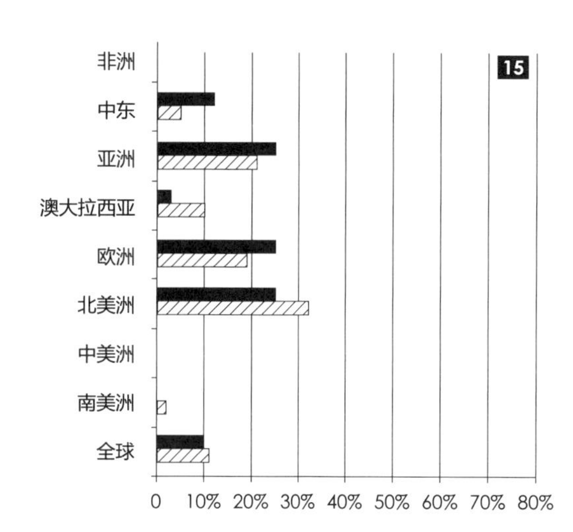

图 15：问卷统计：按地理区域

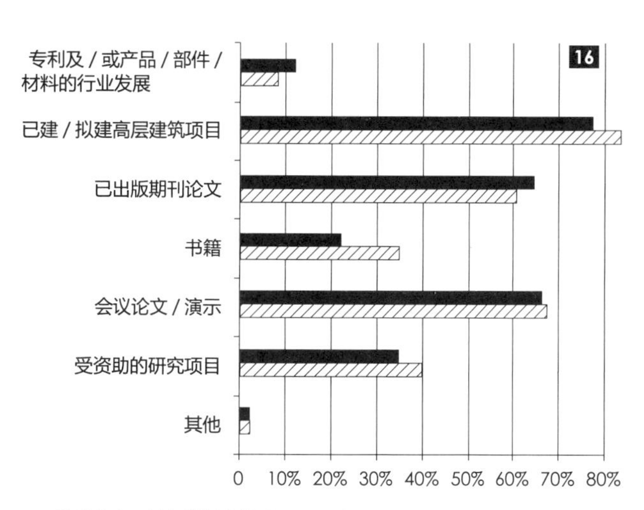

敬请留意：该问卷并非单选，以上选项的百分比之和可能超过 100%。

图 16：问卷统计：按知识运用的领域

3.4.2 阶段 1：确定优先主题

下方的“研究树”大致列出了第一次问卷调查结果所界定的不同主题，均属于“结构特性、多种灾害防灾设计和土工技术”领域应当重点关注的研究对象。调查组已对该系列主题进行以共性特征为标准的分组归类，并随之通过第二次问卷调查进行了重要性与研究不成熟度的排序来获取最终结果（详见下文“主题评估与排序”）。以下主题按照较宽泛的大类别与子类别进行了组合，括号内的数字代表每一个研究方向在杜威十进制图书分类法中的编号，方便读者日后检索对应领域的知识进行深入研究。如需深入了解该体系，请参见第 23—26 页。

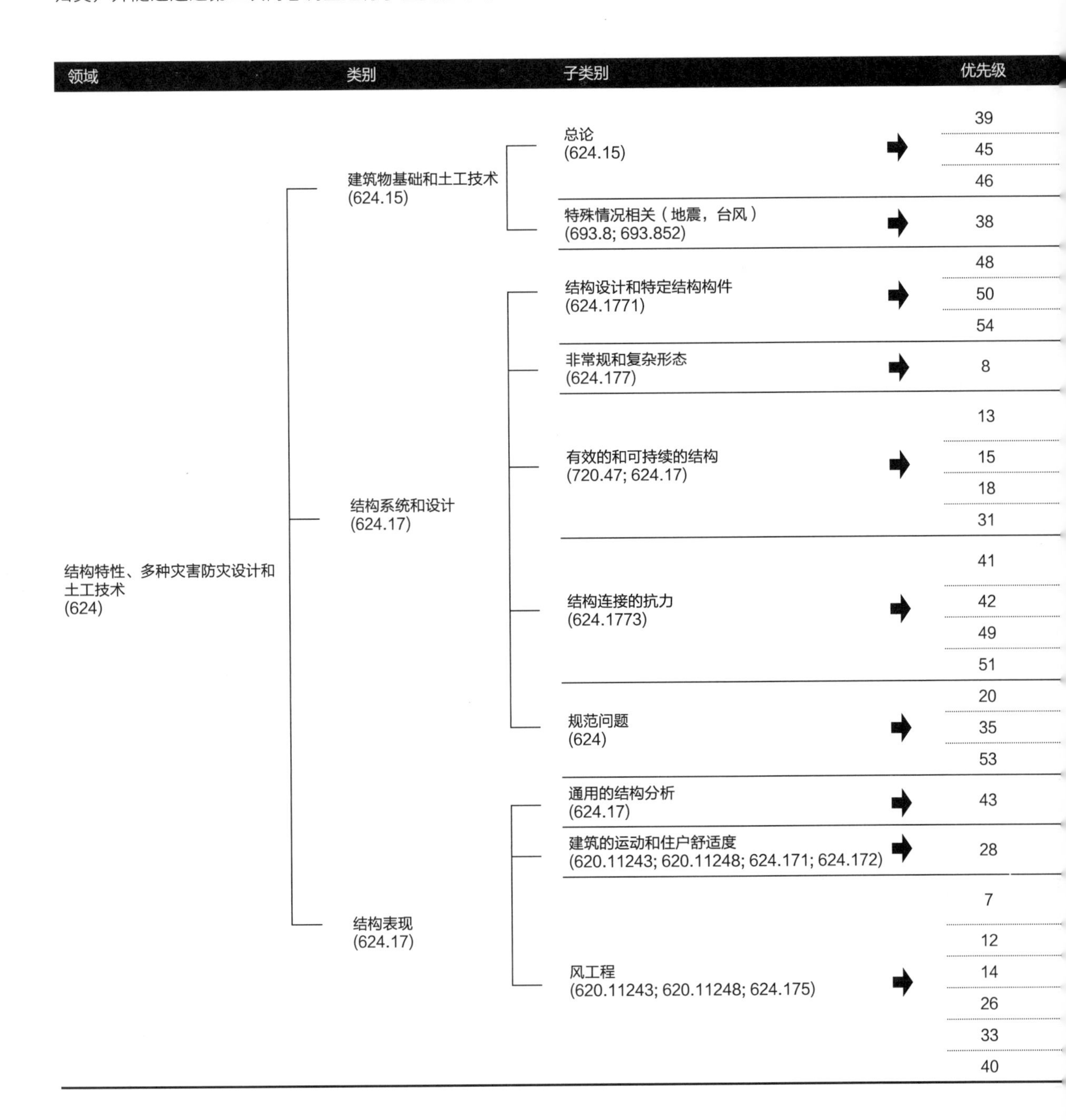

3.4.3 阶段 2：主题评估与排序

优先指数：根据第一次问卷所界定的重点主题，第二次问卷要求问卷受访者以重要性和研究不成熟度为基础，为所有的主题排序和打分（重要性：1= 完全不重要，5= 极其重要；研究不成熟度：1= 非常成熟，5= 极其不成熟），加总所有得分便可得到“优先指数”，该指标就是“优先级排序”（详见左侧表格）的依据。排序突显了接下来几年该领域最需要关注的重点主题。排名前五的主题得分以黑底色块突出显示，便于查看。如需获得关于该排序定义的详细解释，请参考第 19 页。

主题	重要性	不成熟度	优先指数
高层建筑的漂移模拟中基础与土体结构交互作用所带来的影响研究	3.7	3.2	6.9
高层建筑基础设计中可持续性机遇的研究（包括老地基的重复利用等）	3.1	3.6	6.7
高层建筑基础设计中土工技术参数评估技术的发展	3.9	2.8	6.7
在大风和地震情况下高层建筑地基的设计与性能研究	4.2	2.8	6.9
新形式边缘网格结构的结构设计和性能研究（例如三角形、六角形以及三角形和六角形的混合）	3.5	3.1	6.6
刚性和非刚性钢板剪力墙结构系统的设计与性能研究	3.5	3.0	6.5
高层建筑中楼层结构系统的研究	3.8	2.2	6.0
复杂高层建筑形式和几何学方面的结构系统设计与性能研究	4.1	3.2	7.3
以提高效率和减少能源、材料和成本为目的的结构优化研究（包括更轻 / 更强的结构系统，材料改进，形式优化，以及减轻自重等）	4.0	3.3	7.4
确定高层建筑结构系统的生命周期分析数据的研究	4.0	3.3	7.4
高层建筑结构系统中可持续建筑材料和部件的使用研究	4.2	3.1	7.3
提高结构部件的重复利用和循环利用的结构连接的研究	3.8	3.3	7.1
高层建筑中结构连接的性能和设计研究（包括对建造速度的影响，抗剪连接，三维表现，以及巨型钢－混凝土节点等）	4.0	2.9	6.8
高层建筑中结构连接延性研究（包括对新的受力路径的影响，规范的含义等）	4.0	2.8	6.8
芯墙连梁性能和设计研究	3.9	2.6	6.5
柱基连接的性能和设计研究（包括在地震和大风情况下的上拔）	3.7	2.7	6.4
国际建筑规范统一的机遇和挑战研究	3.6	3.6	7.2
主要设计规范对“边界”描述（包括规范描述中是否对高层建筑缺少物理和数学基础）的研究和评估	3.7	3.3	7.0
高层建筑建造过程中规划和许可程序的影响研究	3.1	3.2	6.3
不同结构系统的高层建筑结构时序分析研究	3.7	3.2	6.8
高层建筑变形运动中人的可接受度研究	4.0	3.1	7.1
早期高层建筑抗风设计中对近似优化工具的发展（包括空气动力学数据库和其他相应的工具，以及基于形状、高度、曲度、接触面和结构系统等的规则等）	4.0	3.4	7.4
针对高层建筑设计专业人士加强风工程教育的研究	4.0	3.3	7.4
高层建筑中基于性能的风工程方法研究（包括时域分析、非线性效应等）	4.1	3.3	7.4
高层建筑设计和分析中使用的风力数据的研究（包括方向性、风的类型、地理差异、气候变化的影响等）	3.9	3.2	7.2
高层建筑在风力作用下运动和变形的相应标准的制定	4.1	3.0	7.1
高层建筑的建筑形式（包括微小的特征，例如阳台）对风荷载响应的研究	3.5	3.3	6.9

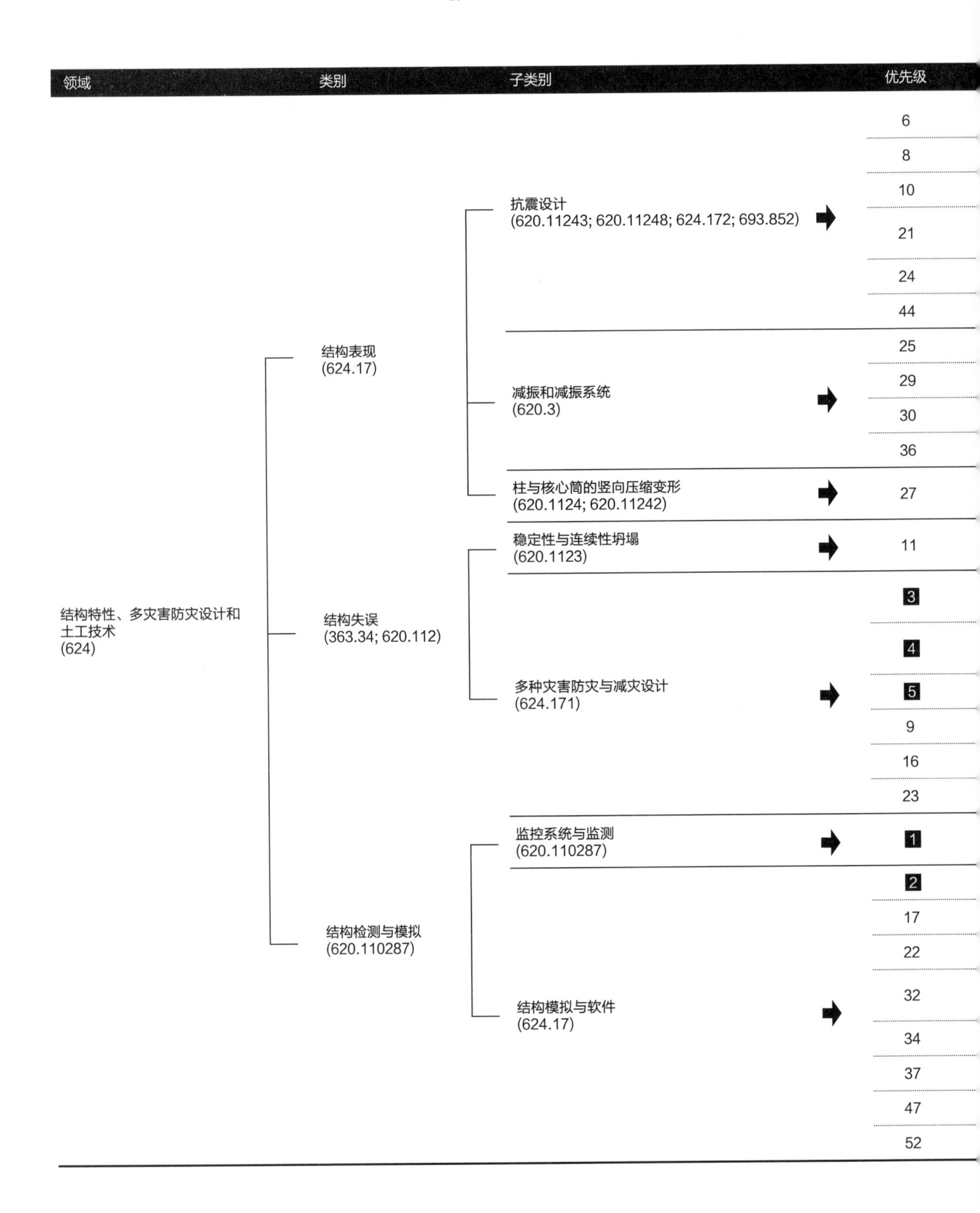
领域
类别
子类别
优先级
结构特性、多灾害防灾设计和土工技术
(624)
结构表现
(624.17)
抗震设计
(620.11243; 620.11248; 624.172; 693.852)
6
8
10
21
24
44
减振和减振系统
(620.3)
25
29
30
36
柱与核心筒的竖向压缩变形
(620.1124; 620.11242)
27
结构失误
(363.34; 620.112)
稳定性与连续性坍塌
(620.1123)
11
多种灾害防灾与减灾设计
(624.171)
3
4
5
9
16
23
结构检测与模拟
(620.110287)
监控系统与监测
(620.110287)
1
结构模拟与软件
(624.17)
2
17
22
32
34
37
47
52

主题	重要性	不成熟度	优先指数
确定高层建筑抗震性能的策略与方法的研究（就地震级数的不确定性以及使用者和社区的需求等而言）	4.3	3.2	7.4
地震灾害评估研究（包括已有的高层建筑的易损性，对于已有区域的影响，规划区域内的地震带等）	4.3	3.1	7.4
地震荷载下提高高层建筑结构可靠性和恢复性的研究	4.2	3.2	7.4
高层建筑中基于性能的抗震设计研究（包括适于工程实际的和简化的方法，扩展的方法，非线性时程分析，可维护性分析，不同地区地震的影响等）	4.3	2.9	7.2
地震中建筑物的表现研究	4.3	2.9	7.2
具有居住功能的预应力和预制混凝土高层建筑的抗震设计研究	3.4	3.3	6.7
控制建筑物及其子结构响应的补充减振材料使用策略的研究	3.5	3.6	7.2
高层建筑中被动减振系统的性能及设计研究	3.9	3.2	7.1
将建筑中的重型、大尺度结构系统或部件作为高层建筑减振策略一部分的可行性研究	3.3	3.8	7.1
高层建筑中主动减振系统的性能及设计研究	3.5	3.4	7.0
高层建筑中用以抵消轴向压缩变形的建筑技术和策略的发展	3.8	3.4	7.1
高层建筑连续性坍塌研究（包括不同结构系统的行为、拉结力、减缓策略等）	4.1	3.3	7.4
提高高层建筑对于地震、台风、爆炸、撞机、飓风等多种灾害的防护能力方法研究（包括稳健性、结构优化等）	3.9	3.6	**7.5**
极端灾害场景中（例如地震、飓风、爆炸、撞机和台风等）高层建筑安全性能合理分级的设计标准的开发	4.1	3.3	**7.4**
针对高层建筑的基于整体性能的多种灾害跨学科防灾设计与分析研究	3.8	3.7	**7.4**
极端灾害场景中（例如地震、飓风、爆炸、撞机和台风等）新旧高层建筑风险和可靠性评估方法的研究	4.0	3.4	7.4
极端情况下高层建筑设备管理策略研究（包括在结构部件超出负载的情况下保持不间断运营的预案等）	3.6	3.8	7.3
极端条件下和非传统负荷下（例如爆炸、大位移、撞机等）高层建筑表现研究	3.6	3.6	7.2
已建成高层建筑中实时结构监控设备的发展与应用研究（包括结果数据库的建立，实际结果与设计假定的对比，真实性能——如固有频率、阻尼、垂直沉降、加速度、徐变等的确定）	4.2	3.7	**7.9**
风力和地震情况下模型假定的验证研究	4.1	3.4	**7.5**
高层建筑的结构 / 风力设计中计算流体动力学（CFD）工具的应用研究	3.7	3.6	7.3
地震荷载下完全获取高层建筑响应的工具和模型研究	4.1	3.1	7.2
在高层建筑结构系统的设计与验证过程中参数化建模的应用研究（包括形式的演进，结构尺寸和几何形状，风力荷载模拟，实时信息反馈等）	3.7	3.3	7.1
高层建筑中可维护性数据的分析和可视化软件应用，包括侧向加速度和长期变形	3.6	3.5	7.0
高层建筑及其结构系统自动化设计和建造的策略和工具研究	3.2	3.7	7.0
高层建筑及其结构系统的整合规划中 BIM 工具的使用研究	3.6	3.1	6.7
高层建筑中利用风洞检测实现对风力荷载的精确评估的策略与方法的发展	3.9	2.5	6.4

3.4.4 优先级最高的前五个主题

主题	优先指数
1 已建成高层建筑中实时结构监控设备的发展与应用研究（包括结果数据库的建立，实际结果与设计假定的对比，真实性能——如固有频率、阻尼、垂直沉降、加速度、徐变等的确定）	7.9
2 风力和地震情况下模型假定的验证研究	7.5
3 提高高层建筑对于地震、台风、爆炸、撞机、飓风等多种灾害的防护能力方法研究（包括稳健性、结构优化等）	7.5
4 极端灾害场景中（例如地震、飓风、爆炸、撞机和台风等）高层建筑安全性能合理分级的设计标准的开发	7.4
5 针对高层建筑的基于整体性能的多种灾害跨学科防灾设计与分析研究	7.4

3.4.5 重要发现

在“结构特性、多种灾害防灾设计和土工技术”领域内共有 54 个主题，它们分别在重要性和不成熟度方面具有关联性。本部分可分级的主题数量是最多的，其中有些主题是相互连接的，其研究领域可以拓展到更大数量的主题之上，这些主题也可以独立进行评值。本部分在第二次问卷中得到的调查者回复是第二多的，仅次于“建筑与室内设计”。

由于主题数量多，问卷覆盖范围广（例如风工程、抗震设计、土工技术），该领域中未收到答复的问题在所有的研究领域内都是最多的。但是，空白问卷的数量占总问卷数量的比率不到 11%。

与《路线图》中一般的主题相比，被调查者们认为其中很多主题都十分重要，其中 43% 的得分高于 4.0（非常重要）。与之相似，很多主题仍旧有很大的进步空间，其中 81% 获得 3.0 分或者更高的不成熟度值（中等不成熟）。

3.4.6 领域内优先研究的主题

该领域内最高等级的主题是“已建成高层建筑中实时结构监控设备的发展与应用研究”。同行评审专家组成员支持这一观点，他们认为该种手段可以为住户和工程组提供数据来评估地震过后的实时受灾情况，并且可以用于社区设计以及之后的设计过程的提高和校正。

“调查结果有力而清晰地证明了高层建筑中的监控仪表可以为我们提供非常有价值的数据，这些数据可以被用以验证设计中的那些假定，也很有可能让人们对高层建筑的设计增进认知。但是，如果要达成这一目的，我们需要更多的房产业主愿意为了行业的发展而披露更多的信息。这是一个挑战，在世界上有些地方尤甚。”

Abbas Aminmansour，美国厄巴纳，伊利诺伊大学香槟分校

除此之外，还有很多与更宽泛概念相关的基于性能设计的研究主题，对于这些主题，被调查者们也给予了很高的评级。这些主题包括：

- 风力和地震情况下模型假定的验证研究（2 级优先级）
- 极端灾害场景中高层建筑安全性能合理分级的设计标准的开发（4 级优先级）
- 针对高层建筑的基于整体性能的多种灾害跨学科防灾设计与分析研究（5 级优先级）
- 确定高层建筑抗震性能的策略与方法的研究（6 级优先级）
- 极端灾害场景中新旧高层建筑风险和可靠性评估方法的研究（9 级优先级）
- 基于性能的高层建筑风工程方法研究 (14 级优先级)
- 高层建筑中基于性能的抗震设计研究 (21 级优先级)

在一些国家中，基于性能的抗震设计方法在高层建筑领域是一个广泛使用的策略，这大概能解释这些主题的最后几个获得相对较低评分的原因（“高层建筑中基于性能的抗震设计研究”获得了重要性指数 4.3 分的高分，但获得了一个较低的不成熟度分数 2.9 分，这表明了该主题发展良好)。这些结果表明了基于性能的设计研究在其他领域同样具有很高的优先值，例如风工程和多种灾害防灾设计方面，因为需要以此来确定高层建筑在安全性和可维护性方面的性能水平。

“如今在北美已经有很多有关风工程的‘基于性能设计’的讨论，与基于性能的设计进入抗震领域的方式颇为相似。”

Peter Irwin，加拿大威尔夫，Rowan Williams Davies & Irwin（RWDI）公司

有相关趋势表明高层建筑防火性能设计是一个热门的研究方向，对于该层面的详述请参见第 61 页的“消防与生命安全”。

材料的可持续性和隐含能源研究正在变得越来越热门，这一点在《路线图》中已经是司空见惯了（参见第 75 页的“建筑材料与制品”）。但是，在本节的领域内，有些主题的评分相对较低，例如“用于提高效率和减少隐含能源的结构优化”，“高层建筑结构系统生命周期数据分析”以及“可持续材料和部件应用”这三点分别只排到第 13 名、第 15 名和第 18 名。不过，这也是在意料之中的事情：

“结构工程中可持续性研究并不那么热门，这对我来说一点儿也不感到惊奇，因为大多数人认为结构效率很大程度上等同于可持续性。”

David Scott，英国伦敦，Laing O’Rourke 公司

这些主题本质上同样与基于性能的设计有关。例如，如果不考虑在哪种程度上结构性能是可以接受的这一点的话，“对用以提高效率和降低隐含能源、材料资源和成本的结构优化研究”就是没有意义的，这再一次将这一问题与基于性能的设计概念相连接。

“建筑物基础和土工技术”这一类别中的主题一般都基于不高的优先级（整体在第 38 名到第 46 名之间）。但是这一点又受到了同行评审专家组的挑战：

“我发现高层建筑地基研究在研究中热门度不高，特别是‘高层建筑的漂移模拟中基础与土体结构交互作用所带来的影响研究’这一主题。”

Hi Sun Choi，美国纽约，Thornton Tomasetti

3.4.7 对问卷受访者分类

本部分中，完成问卷的调查者在以下领域具有专业背景。

1. 按专业背景划分

正如预计的那样，参加问卷调查的大部分被调查者都是工作在一线的结构工程师（图 17）（84% 的被调查者曾经参与过高层建筑建设项目）。以下是工程群组和第二大群组（学术界）中三个最热门的主题。

1）工程领域

• 已建成高层建筑中实时结构监控设备的发展与应

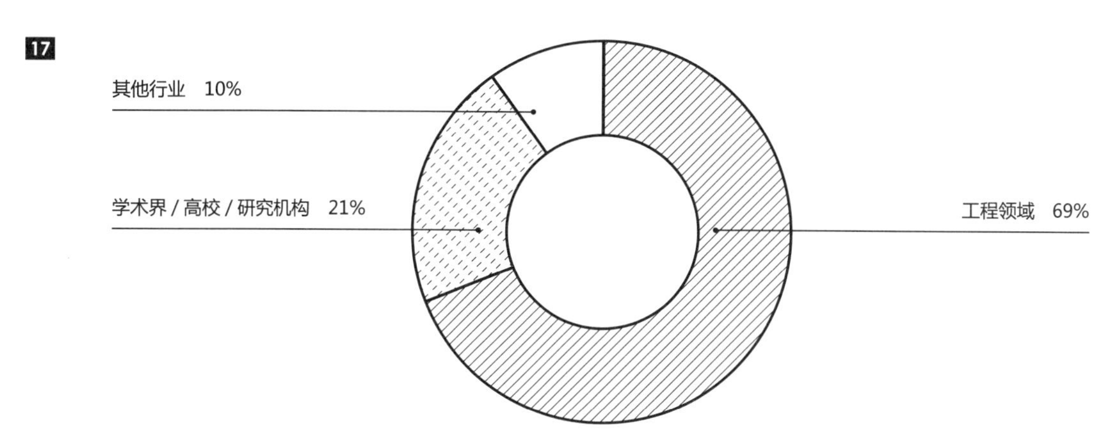

图 17：问卷回答者的专业背景分布

用研究（**8.0**）；

• 风力和地震情况下模型假定的验证研究（**7.7**）；

• 确定高层建筑抗震性能的策略与方法的研究（**7.6**）。

2）学术界 / 高校 / 研究机构

• 针对高层建筑的基于整体性能的多种灾害跨学科防灾设计与分析研究（**8.0**）；

• 已建成高层建筑中实时结构监控设备的发展与应用研究（**7.8**）；

• 高层建筑的结构 / 风力设计中计算流体动力学（CFD）工具的应用研究（**7.6**）。

2. 按地理区域划分

参与调查问卷的被调查者工作的建筑 / 研究项目大多位于北美洲、亚洲和欧洲这三个地域之中。以下是这些地域内最热门的主题。

1）北美洲

• 已建成高层建筑中实时结构监控设备的发展与应用研究（**8.5**）；

• 风力和地震情况下模型假定的验证研究（**8.3**）；

• 确定高层建筑结构系统的生命周期分析数据的研究（**7.8**）。

2）亚洲

• 针对高层建筑的基于整体性能的多种灾害跨学科防灾设计与分析研究（**7.7**）；

• 提高高层建筑对于地震、台风、爆炸、撞机、飓风等多种灾害的防护能力方法研究（**7.7**）；

• 地震荷载下完全获取高层建筑响应的工具和模型研究（**7.6**）。

3）欧洲

• 确定高层建筑结构系统的生命周期分析数据的研究（**7.4**）；

• 高层建筑连续性坍塌研究（**7.4**）；

• 极端灾害场景中高层建筑安全性能合理分级的设计标准的开发（**7.4**）。

从这些结论中我们得出如下研究趋势：在亚洲，多种灾害防灾与抗震设计和性能研究比较热门；而在欧洲和北美，对高层建筑结构系统的生命周期分析更加热门。

3.5 垂直交通与疏散

3.5.1 问卷样本

您主要在哪个地理区域进行“垂直交通与疏散”方面的工作？（图 18）

您曾将“垂直交通与疏散”方面的知识运用于以下和高层建筑相关的领域吗？（图 19）

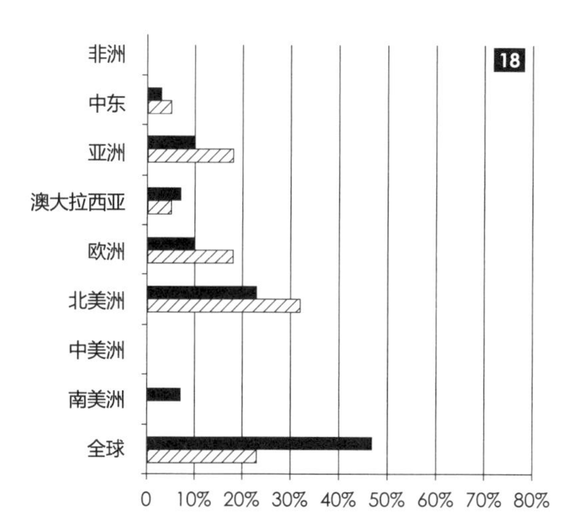

图 18：问卷统计：按地理区域

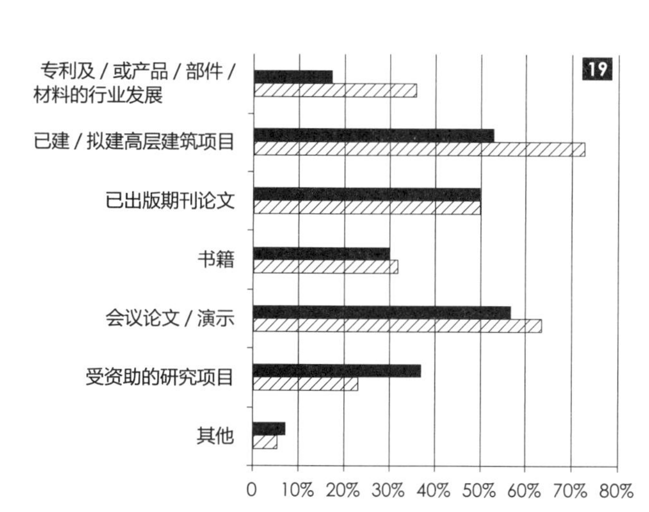

敬请留意：该问卷并非单选，以上选项的百分比之和可能超过 100%。

图 19：问卷统计：按知识运用的领域

3.5.2 阶段 1：确定优先主题

下方的“研究树”大致列出了第一次问卷调查结果所界定的不同主题，均属于“垂直交通与疏散”领域应当重点关注的研究对象。调查组已对该系列主题进行以共性特征为标准的分组归类，并随之通过第二次问卷调查进行了重要性与研究不成熟度的排序来获取最终结果（详见下文“主题评估与排序”）。以下主题按照较宽泛的大类别与子类别进行了组合，括号内的数字代表每一个研究方向在杜威十进制图书分类法中的编号，方便读者日后检索对应领域的知识进行深入研究。如需深入了解该体系，请参见第 23—26 页。

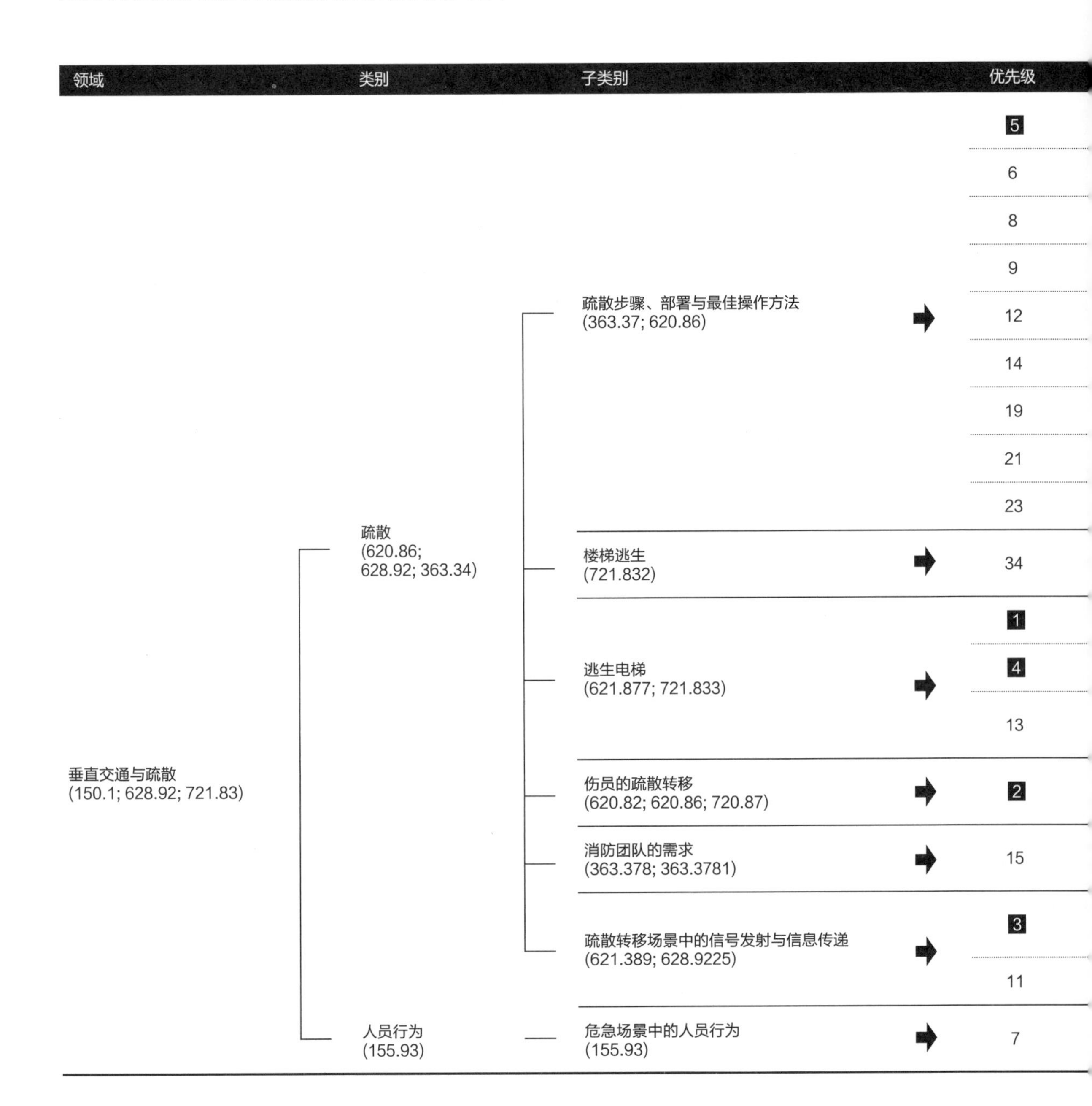

3.5.3 阶段 2：主题评估与排序

优先指数：根据第一次问卷所界定的重点主题，第二次问卷要求问卷受访者以重要性和研究不成熟度为基础，为所有的主题排序和打分（重要性：1= 完全不重要，5= 极其重要；研究不成熟度：1= 非常成熟，5= 极其不成熟），加总所有得分便可得到“优先指数”，该指标就是“优先级排序”（详见左侧表格）的依据。排序突显了接下来几年该领域最需要关注的重点主题。排名前五的主题得分以黑底色块突出显示，便于查看。如需获得关于该排序定义的详细解释，请参考第 19 页。

主题	重要性	不成熟度	优先指数
高层建筑疏散的实时管理对策与技术	4.2	3.6	7.8
超高层建筑居民的逃生疏散与生命安全对策，以超 300 m 的高层建筑为例	4.5	3.3	7.8
高层建筑即时疏散系统的设计、对策与影响	4.5	3.1	7.7
高层建筑疏散系统的国际规范与标准	4.1	3.5	7.7
居民与消防队员的训练对策（包括多语言地区的沟通技巧、训练开展与频率的保障、训练模拟装置等）	4.1	3.4	7.6
高层建筑避难层的设计、对策与影响（包括将避难层与天台公园结合以满足社会公共功能）	4.0	3.4	7.4
高层建筑疏散的分阶段设计、对策与影响	4.2	2.9	7.1
高层建筑居民保护的合理对策、规划、设计与影响（包括原地保卫、重新安置与疏散转移）	4.0	3.0	7.1
可通过建筑体外墙进行紧急疏散的新型疏散系统的研究（包括滑道、救生伞、滑梯等）	2.8	4.2	7.0
高层建筑逃生楼梯的布局、设计与影响研究	3.7	2.6	6.3
高层建筑内逃生电梯的布局、设计与影响研究	4.6	3.7	8.3
极端灾害场景中逃生电梯的应用研究（如地震后场景）	4.2	3.6	7.8
疏散场景中对电梯使用的国际规范条文要求及标准的检验（包括对比与开发现有规范，开发新规范与新提议等）	4.2	3.4	7.6
适用于残疾人群体的疏散与逃生对策（包括紧急预案、安全区域的使用等）	4.5	3.5	8.0
高层建筑的火灾场景 / 其他危急场景中的消防通道及其操作使用	4.2	3.1	7.3
逃生 / 危急场景中的居民信息接收对策与技术（包括动态逃生路线指引系统、视频音频一体化技术、无线系统、居民对此类系统的态度及对相关法规的遵守）	4.0	3.8	7.8
疏散 / 危急场景中居民的信息接收需求（包括最佳操作方法、语言问题等）	4.0	3.6	7.6
高层建筑危急场景中的人员行为及对不同逃生技能的风险认知（包括“9 · 11”的影响，在不同高度建筑物中的求生意识，预计的人员行为带来的影响等）	4.3	3.4	7.7

领域	类别	子类别	优先级
垂直交通与疏散 (150.1; 628.92; 721.83)	垂直交通系统与技术 (721.83)	垂直交通 (721.83)	20
			28
			35
			38
		自动扶梯 (621.8676)	36
		电梯运输设计（“硬件”解决方案） (621.877; 721.833)	16
			26
			29
		电梯运输设计（“软件”解决方案） (621.877; 721.833; 519)	22
		监测与数据调用 (n/a)	10
			18
			31
			33
		逃生路线与辅助区域的建模 / 测算 (721.83)	17
			32
		电梯轿厢的设计（与建筑设计、舒适度、功能相关）(721.833)	37
		电梯安装与维护 (621.877)	24
			27
		可持续性问题 (621.877; 721.833; 720.47)	25
			30

主题	重要性	不成熟度	优先指数
高层建筑中人流与居民的指引和识别标识的研究	4.2	3.0	7.1
改善与推动楼层之间的互连楼梯的使用研究（包含对交通量的影响、防火分隔的研究等）	3.3	3.3	6.6
高层建筑垂直交通系统中空中门厅系统使用的研究	3.6	2.6	6.2
电梯与垂直交通系统的历史研究	2.8	2.2	5.0
自动扶梯与移动人行通道及其在高层建筑设计中的应用	3.0	3.0	6.0
替代性的无绳牵引系统研究（如直线牵引、磁悬浮、不用配重体、巨型螺旋桨、平行 / 垂直移动系统等）	3.6	3.7	7.2
单出入口的电梯多轿厢设计与应用及其对建筑设计的影响	3.7	3.1	6.8
改良传统电梯系统的现代技术应用（如盘式制动、减轻轿厢重量的策略、梯井区域、能耗与生命周期成本等）	3.9	2.7	6.5
电梯目标控制系统、操作界面与可用性（包括集成性安全旋转栅门、远程输入设置——如智能电话、建筑内个人 GPS 追踪定位器、面部识别安全系统——以及楼层布置、设计与性能条件，等等）	4.1	3.0	7.1
高层建筑中对不同使用功能与不同位置处过路者的人口特征和居民的特性（老年人、残疾人、家庭、肥胖者、平均步行速度、社交距离等）的调查研究，以及这些特征对逃生与疏散系统的影响的检验	4.1	3.5	7.6
现实中不同地区的高层建筑的垂直交通数据搜集（包括能源使用、等候时间与抵达目的地时间的推断与实际数据对比，等）	4.2	3.0	7.2
高层建筑垂直交通系统的度量，包括使用时间段峰值、服务质量的评定以及区域差异	3.7	2.8	6.5
高速垂直交通对人耳的作用检验以及减缓电梯快速运行带来的耳部不适的对策研究	3.5	2.9	6.4
高层建筑逃生与疏散的人流数据的检验模型	4.1	3.1	7.2
基于基础建筑数据而开发的测算逃生路线数量及其关键维度（楼梯宽度、前厅大小、电梯系统等）的辅助模型与工具	3.8	2.7	6.5
电梯轿厢的设计研究（包括承重性、功能性、标准化、建筑性能、玻璃选用等）	2.8	2.3	5.1
高层建筑垂直交通系统的现代化更新与结构改造	4.0	3.0	7.0
高层建筑垂直交通工具性能的折旧因素与损失	3.3	3.3	6.6
高层建筑垂直交通系统全生命周期的环境影响测算、建模与度量（包括隐含排放物和可使用的排放物）	4.0	2.6	6.5
永续节能的垂直交通系统的设计开发与技术（包括再生轨道等）	3.7	3.1	6.8

3.5.4 优先级最高的前五个主题

主题	优先指数
1 高层建筑内逃生电梯的布局、设计与影响研究	8.3
2 适用于残疾人群体的疏散与逃生对策（包括紧急预案、安全区域的使用等）	8.0
3 疏散 / 危急场景中的居民信息接收对策与技术（包括动态逃生路线指引系统、视频音频一体化技术、无线系统、居民对此类系统的态度及对相关法规的遵守）	7.8
4 极端灾害场景中逃生电梯的使用，如地震后场景	7.8
5 高层建筑疏散的实时管理对策与技术	7.8

3.5.5 重要发现

在“垂直交通与疏散”领域之中，我们确认有 38 个相对重要与 / 或研究不成熟的主题。纵览《路线图》全文，该领域的得分跨度最广，所有主题的优先指数得分从 5.0 ～ 8.3 不等，重要性得分从 2.8 ～ 4.6 不等。就这点而言，调查数据体现了高层建筑领域存在着清晰的研究重点层级。

与诸多其他领域相类似，该领域的研究不成熟度得分相对较高，73% 的主题得分在 3.0（中等不成熟）及以上。这表明业内人士认为该领域需要更深入的研究，进而才能推动此建筑类型学在未来的发展。

3.5.6 领域内优先研究的主题

如研究“树状图”所概述的那样，该领域的主题可被分解为以下三个重要的部分：疏散、人员行为和垂直交通系统与技术。此三部分主题在排序之中被清晰地分离开来，与疏散相关的主题被认为具有最高的重点研究价值，而与垂直交通系统与技术相关的主题得分则普遍排名较后。考虑到疏散的问题倾向于发生在危险场景之中（如火灾、恐怖袭击、地震等），并始终与人们的生命息息相关，这结果或许并不见得出乎意料。

这种趋势的主要异常值是主题“高层建筑逃生楼梯的规划、布局与影响”。这个主题是该领域重点研究系数最低的主题之一，部分原因归咎于该主题相较其余的疏散类主题（研究不成熟度普遍得分为 3.0 ～ 3.8），相关研究显得较为成熟（研究不成熟度得分为 2.6）。问卷受访者明显感受到，与逃生楼梯相关的知识相对成熟，故并非当前的研究重点。

主题“高层建筑内逃生电梯的布局、设计与影响研究”得分最高，遥遥领先。尽管该主题与另外两个属于其他范畴的主题有所关联，其重点研究系数仍达到 8.3，夺得整个《路线图》调查结果的最高得分桂冠。尽管“9 · 11”事件之后，该领域的研究力度得到相当大的提升，但高层建筑逃生疏散场景中的逃生电梯使用率仍然很低。然而，随着摩天大楼如雨后春笋般涌现，居住楼层的高度不断上升，问卷受访者们认为，开发电梯疏散的对策与技术，让高层建筑内的转移疏散更安全快捷，是当前研究的重中之重。这一点在其他相关联且高得分的研究主题中也得以突显，例如“适用于残疾人群体的疏散与逃生对策”、“后灾难场景下的逃生电梯使用”以及“超高层建筑居民的逃生疏散与生命安全对策”。

“‘紧急疏散’这一问题得到了研究人员的特别关注，但该领域依然留有巨大的改进空间，尤其是电梯的使用方式及使用时机方面仍有待探究。”

——George von Klan，美国旧金山 GVK 咨询公司

与非紧急疏散相关的研究方面，得分最高的主题为“高层建筑中对不同使用功能与不同位置处过路者的人口特征和居民特性的调查研究，以及这些特征对逃生与疏散系统的影响的检验”，还有“替代性的无绳牵引系统研究，如直线牵引、磁悬浮、不用配重体、巨型螺旋桨、平行 / 垂直移动系统等”。

3.5.7 其他研究空白领域

主题“可通过建筑体外墙进行紧急疏散的新型疏散系统的研究”的研究不成熟度得分达到4.2，这是《路线图》中的最高得分，同时其重要性得分为2.8。这表明，该主题在被界定为研究空白地带的同时，却并不被认可为是一条高可行性的高层建筑疏散途经，亦并非重点研究主题。

其余未得到研究重点关注的主题包括“电梯与垂直交通系统的历史研究”以及“电梯轿厢的设计研究”，重点研究系数得分分别为5.0和5.1，低于《路线图》中的任一主题得分。这并非意味着这一类的研究将会停滞不前，生产商会继续改善与定制电梯轿厢的内舱与内部环境，只不过在该领域的研究者眼中，此类主题的重要性偏低。与生命周期的环境影响相关的主题在《路线图》之中的排名超越了众多领域的主题，而主题“高层建筑垂直交通系统生命周期的环境影响测算、建模与度量”仅在所有主题之中位列第25，在垂直交通系统与技术类别之中排序第7。这一相对较低的分数成为同行评审小组质疑的对象：

“关于电梯本身及其相关方面对建筑体产生的影响，它们的能源使用效率，以及比全生命周期的成本和碳排放足迹更广泛的范围里（包括核心筒与建筑系统的影响），仍存有某种庞大的机遇。目前优化测算、建模与度量的方法路径尚未得到充分的开发、宣传与理解，使这些方法能得到持续应用，形成建筑设计行业的一种规则，或供建筑经营领域借鉴经验。”

——George von Klan，美国旧金山GVK咨询公司

3.5.8 对问卷受访者分类

本章节中的第二次问卷的受访者群体在以下学科中拥有较为专业的背景。

1. 按专业背景划分

该领域的主要受访群体是除工程行业之外的其他专业领域的咨询顾问（图20）。下方列出的是在全部拥有工程背景的专业人士受访群体中，以及其他行业领域组合的受访群体中得分最高的三个主题。

1）工程行业背景的受访群体

• 高层建筑内逃生电梯的布局、设计与影响研究（**8.4**）

• 极端灾害场景中逃生电梯的使用，如地震后场景（**8.3**）

• 高层建筑疏散的实时管理对策与技术（**7.8**）

2）其他行业领域的受访群体

• 适用于残疾人群体的疏散与逃生对策（**8.2**）

• 超高层建筑居民的逃生疏散与生命安全对策，以超300 m的高层建筑为例（**8.2**）

• 高层建筑内逃生电梯的布局、设计与影响研究（**8.2**）

这些调查结果表明，所有的专业受访群体都普遍认同高层建筑的疏散研究比日常逃生相关主题的重要性更高，这又一次表明，电梯逃生规划、布局与影响主题是研究的重点。

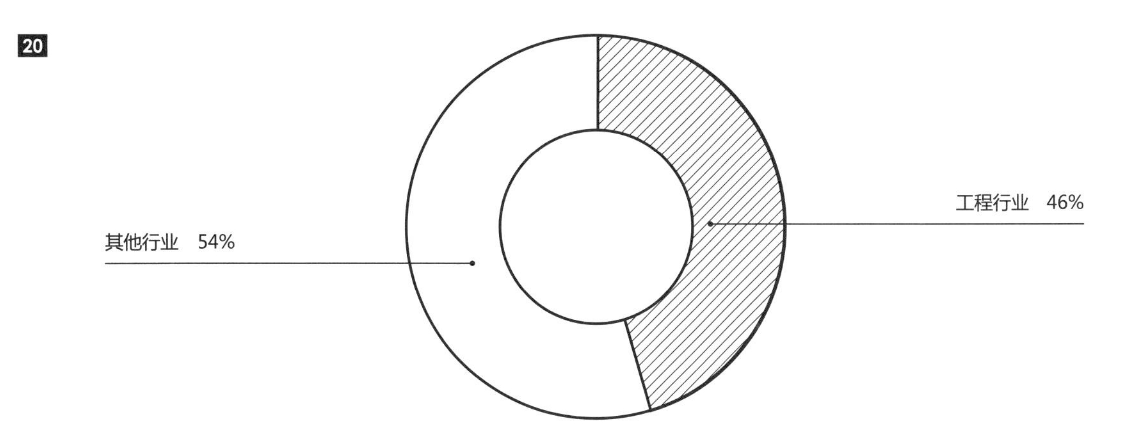

图20：问卷回答者的专业背景分布

2. 按地理区域划分

问卷受访群体所参与的建筑工程项目 / 调查研究项目的所在地在地理范围上分布较广，大约有三分之一受访者的具体工作地点位于北美洲。本书中，其他地理区域的受访者被组合成单个类别群组，其中大部分人的具体工作地点并不受限，遍布全球各地，或分布在亚洲和欧洲地区。

1）北美洲

• 极端灾害场景中逃生电梯的使用，如地震后场景（**8.3**）

• 高层建筑内逃生电梯的布局、设计与影响研究（**8.1**）

• 高层建筑疏散的实时管理对策与技术（**7.8**）

2）其余地理区域（大部分分布在全球其他范围、欧洲或亚洲）

• 极端灾害场景中逃生电梯的使用，如地震后场景（**8.3**）

• 疏散 / 危急场景中的居民信息接收对策与技术（**8.1**）

• 适用于残疾人群体的疏散与逃生对策（**8.0**）

此类研究结果显示，以上列出的所有地理区域的受访者均认同逃生电梯的主题是重点研究对象。

3.6 消防与生命安全

3.6.1 问卷范例

您主要在哪个地理区域进行“消防与生命安全”方面的工作？（图 21）

您曾将“消防与生命安全”方面的知识运用于以下和高层建筑相关的领域吗？（图 22）

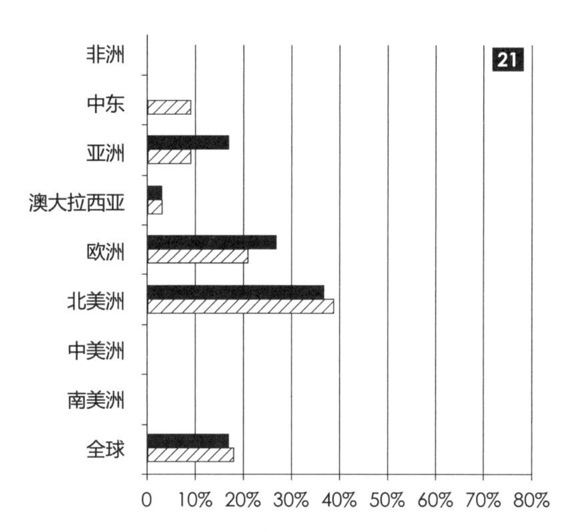

图 21：问卷统计：按地理区域

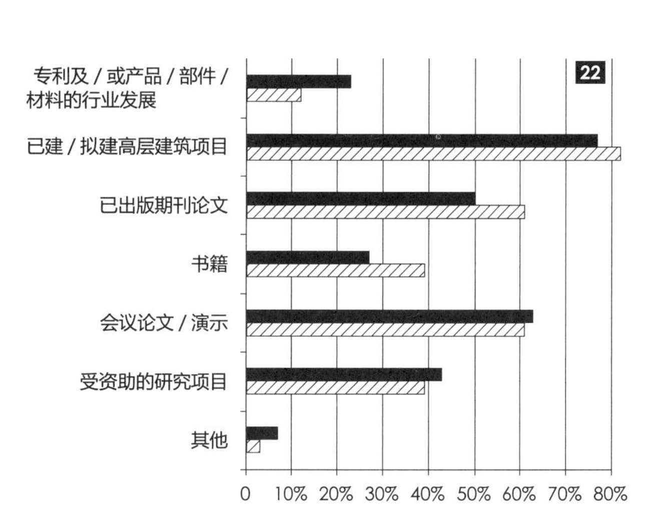

敬请留意：该问卷并非单选，以上选项的百分比之和可能超过 100%。

图 22：问卷统计：按知识运用的领域

3.6.2 阶段 1：确定优先主题

下方的“研究树”大致列出了第一次问卷调查结果所界定的不同主题，均属于“消防与生命安全”领域应当重点关注的研究对象。调查组已对该系列主题进行以共性特征为标准的分组归类，并随之通过第二次问卷调查进行了重要性与研究不成熟度的排序来获取最终结果（详见下文“主题评估与排序”）。以下主题按照较宽泛的大类别与子类别进行了组合，括号内的数字代表每一个研究方向在杜威十进制图书分类法中的编号，方便读者日后检索对应领域的知识进行深入研究。如需深入了解该体系，请参见第 23-26 页。

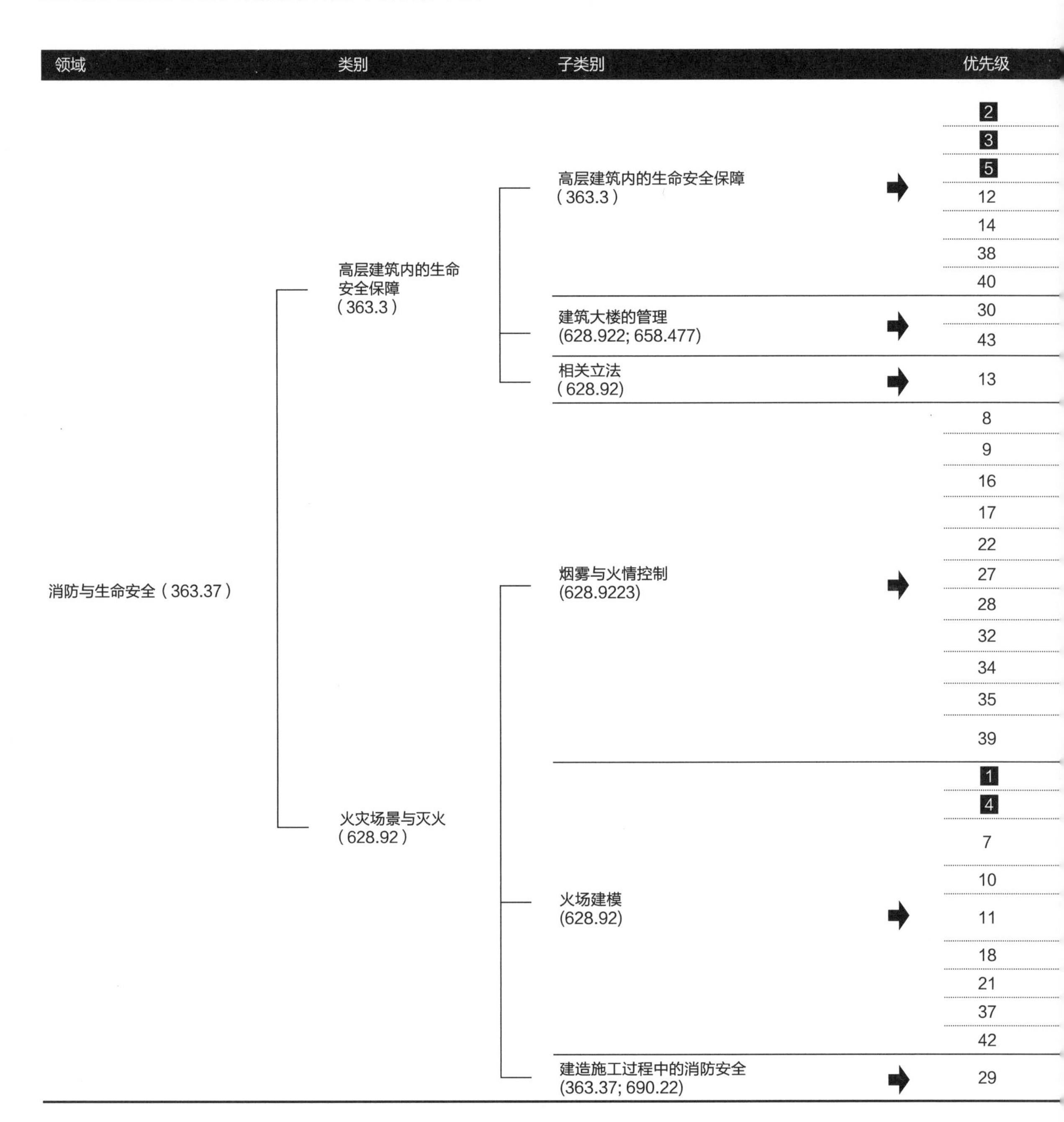

3.6.3 阶段 2：主题评估与排序

优先指数：根据第一次问卷所界定的重点主题，第二次问卷要求问卷受访者以重要性和研究不成熟度为基础，为所有的主题排序和打分（重要性：1= 完全不重要，5= 极其重要；研究不成熟度：1= 非常成熟，5= 极其不成熟），加总所有得分便可得到“优先指数”，该指标就是“优先级排序”（详见左侧表格）的依据。排序突显了接下来几年该领域最需要关注的重点主题。排名前五的主题得分以黑底色块突出显示，便于查看。如需获得关于该排序定义的详细解释，请参考第 19 页。

主题	重要性	不成熟度	优先指数
新型可持续材料、技术与设计策略对高层建筑防火与生命安全性能的影响研究	4.3	3.9	**8.2**
建筑师、消防工程师和社区消防部门合作关系的发展与促进研究	4.4	3.7	**8.1**
发展中国家与极度欠发达国家的高层建筑防火与生命安全问题研究	4.1	3.9	**8.0**
对比其他学科，设计与检验高层建筑消防与生命安全的合理分级标准	4.2	3.4	7.6
灾难和极端事件期间的高层建筑消防与生命安全研究	4.1	3.4	7.5
高层建筑生命安全的过往灾难案例研究，以纽约世贸中心姊妹塔倒塌事件为例	4.0	2.8	6.7
高层建筑的紧急备用电力与发电系统	3.4	3.1	6.5
高层建筑的灾难风险管理与规避方案的检验	3.7	3.4	7.1
高层建筑的安全系统与技术	3.2	3.0	6.1
适用于高层建筑的基于性能的消防与生命安全设计和符合法规的替代手段研究	4.1	3.4	7.5
适用于高层建筑的新型强防火性能建材的开发和消防安全的整体优化	3.9	3.8	7.7
高层建筑烟雾管控技术的细节研究	4.3	3.3	7.7
对在高层建筑中设置自动喷水灭火装置而降低耐火性能的风险研究	3.9	3.6	7.5
高层建筑内的烟雾扩散以及建造物对此的影响	4.2	3.3	7.5
高层建筑的垂直分隔研究（包括以改进性能为目的的材料开发与安装）	4.0	3.4	7.4
逃生出口和疏散空间及系统的防火防烟优化新对策研究	4.3	3.0	7.3
高层建筑内火势蔓延研究，以及空间形态、内部设计和涂层对火势的影响	3.9	3.3	7.3
防火层对不同方位火势的控制性能的检验，包括烟雾以及烟雾泄漏对疏散中的人员行为的影响	3.7	3.3	7.0
对喷涂型防火材料（SFRM）的安装与测试、质量控制与不间断检测	3.8	3.2	6.9
高层建筑中的消防控制 / 灭火系统的应用与开发	3.9	3.0	6.9
高层建筑内自动喷水灭火装置的使用（包括开发能应对不同程度火灾场景的喷水器，喷水器与烟雾之间的相互作用等）	3.8	2.8	6.6
针对高层建筑内最坏情境的具有一定可信度的设计火灾的研究	4.4	3.8	**8.3**
用于高层建筑结构防火设计的现实火灾场景的研究与开发	4.5	3.5	**8.0**
高层建筑真实火灾场景的计算模型与特性的验证与对比（包括连接反应、剪切破坏类型、混凝土散裂、预加荷载等）	4.1	3.7	7.8
针对火灾场景的高层建筑概率设计方法研究	3.8	3.8	7.6
提升建筑自动化管理运营与应急决策支持响应的计算模型、数据与技术（如内部环境的火情实时监测、系统应答、结构响应等）	3.8	3.8	7.6
防火屏障、逃生出口和通信系统可靠性与可恢复性数据的开发与校核	3.9	3.5	7.5
用于火灾场景中高层建筑的设计与分析的开发工具和计算模型	4.1	3.3	7.4
检测与研究火和烟雾在高层建筑内的渗透机制，尤其是在楼层间的扩散机制	3.8	3.0	6.8
高层建筑应急发电机的燃料供应系统构成火警危险的分级评定，以及对应要求达到的防火性能	3.2	3.1	6.3
建造施工期间火灾场景下的行为与疏散逃生研究	3.8	3.5	7.2

领域	类别	子类别	优先级
消防与生命安全（363.37）	火灾场景中的建筑结构状态 (624.176; 693.82)	建筑结构防火性能 (693.82)	6
			15
			19
			20
			23
			24
			25
			26
			31
			33
			36
			41

3.6.4 优先级最高的前五个主题

主题	优先指数
1 针对高层建筑内最坏情境的具有一定可信度的设计火灾的研究	8.3
2 新型可持续材料、技术与设计策略对高层建筑防火与生命安全性能的影响研究	8.2
3 建筑师、消防工程师和社区消防部门合作关系的发展与促进研究	8.1
4 用于高层建筑结构防火设计的现实火灾场景的研究与开发	8.0
5 发展中国家与极度欠发达国家的高层建筑防火与生命安全问题研究	8.0

3.6.5 重要发现

在“消防与生命安全”领域之中，我们确认了 43 个相对重要与 / 或研究空白的主题。与高层建筑的消防与生命安全主题相关的多个研究方向均被问卷受访群体明确认定为重点研究对象。该领域有 5 个主题的重点研究系数高于 8.0。纵观全书，只有 9 个主题得到了如此高的分数。毫无疑问，此般重视皆因面临着灾害与生命威胁的场景之中，消防与生命安全跟居民保护和健康之间本质上存在着一定的关联。

该领域获得一致认可的重点研究方向在研究不成熟度方面得分高的诸多主题之中也得到了体现，其中有 93% 的主题得分高于或等于 3.0，部分主题得分接近 4.0（非常不成熟）。这一领域的后续研究需要进一步的大力开发，从而巩固消防与安全领域在未来的研究地位。

3.6.6 领域内优先研究的主题

排名首位的主题是“针对高层建筑内最坏情境的具有一定可信度的设计火灾的研究”，重点研究系数达 8.3，是《路线图》中的并列最高分主题之一（与主题“高层建筑内逃生电梯的布局、设计与影响研究”及“高层建筑整体及综合可持续性效能的测定与计量研究”并列最高分，请参见第 55 页与第 97 页）。该领域排名靠前的主题与界定火灾场景中具体的布局级别有某种关联。在这一方面，研究者们期望高层建筑能达到某些安全性能分级标准的预期，这一更为宽泛的领域应得到更多的研究关注。

“高层建筑火灾场景的特定设计水平标准这一主题，

主题	重要性	不成熟度	优先指数
高层建筑结构设计与防火安全设计的整合研究	4.3	3.5	7.8
火灾场景中高强度与超高强度结构混凝土的性能状态研究	3.9	3.6	7.5
火灾场景中高层建筑的塑料聚合物与复合材料的性能状态研究	3.8	3.6	7.4
火灾场景中结构性能对高层建筑内疏散与逃生路径的影响检验研究	4.0	3.5	7.4
高层建筑的结构节点与连接部分在火灾场景中的性能状态和合理防护研究	4.0	3.4	7.4
火灾场景中高层建筑结构冗余部分的性能状态研究	4.0	3.4	7.4
火灾场景中结构转换系统的性能状态研究	3.9	3.4	7.3
火灾场景中混凝土复合型柱子的性能状态研究	3.9	3.4	7.3
火灾场景中复合材料楼板系统的性能状态研究	3.8	3.2	7.1
高层建筑结构在不同燃烧源的火灾中的性能状态研究	3.2	3.8	7.0
高层建筑的结构防火保护系统与材料研究	3.9	2.9	6.9
烃类时间－温度曲线在高层建筑结构设计中的应用研究	2.9	3.4	6.3

已经被几个国家基于性能的规范体系提出来了……为了适应规范通常的严格要求，这些规范体系需要一系列的设计水平，使其既可应用于有着相同使用（风险）状况的建筑，也可应用于与某种特定的建筑使用状况相关联的意外场景。”

——Richard Bukowski，美国华盛顿 Rolf Jensen and Associates 公司

有趣的是，与设立可应对多种灾害场景的高层建筑结构性能的设计分级标准相似的重点研究主题也在“结构性能、多种灾害防灾设计与土工技术”领域（请参见第 45 页）得到了体现。然而，许多研究人员认为，消防控制 / 灭火系统在防治火情对高层建筑结构构成危害这一方面扮演了重要的角色：

“我们需要更深入的思考，探究如何利用高可靠度的灭火系统来主动管控火情，从而降低可能影响建筑结构的火灾的发生。当然，建筑结构框架的防火性能也需要进行合理的分级标准设定。”

——Daniel O’Connor，美国芝加哥 AON 消防工程有限公司

高分主题之中呈现着一个更长远的趋势，即跨学科跨领域协作（重点研究系数排名第 3），建筑师、消防工程师与社区消防部门之间的协作需要得到进一步推动，此外还包括这三者与更为明确的团队合作，如建筑可持续性研究领域的人员（主题“新型可持续材料、技术与设计策略对高层建筑防火与生命安全性能的影响研究”，重点研究系数排名第 2），以及建筑结构工程领域的人员（主题“高层建筑结构设计与防火安全设计的整合研究”，重点研究系数排名第 6）。这些关注点都是基于对高层建筑的复杂性和设计策略对多学科所产生的影响的认知而形成的，而专业顾问群体对该领域缺乏理解和沟通则会限制高层建筑学科的发展。

对这种协同合作的构想在《路线图》的若干章节之中都是一个常见主题，这一点很有意思，也值得一提。在“建筑与室内设计”领域里，主题“高层建筑设计相关学科的协作与相互影响、改善与促进研究”在得分榜上以 7.3 分名列第 7。然而，参与了“可持续设计、施工与运营”领域的问卷受访群体认为，“可持续性”与“消防与生命安全”两个领域之间的联系并非研究关注的重点。在这一章节中，主题“将能源节约分析与安全上的考量相结合的策略的研究”和“可持续性与高层建筑防火和生命安全之间的作用及平衡的研究”则排名较低，分别排第 21 位与第 23 位（尽管分别得分 7.3 分与 7.2 分，这与“建筑与室内设计”领域内协作主题的情况有相似性）。这些观点的差异或许是由于这些研究对高层建筑的可持续性能产生的作用是最不起眼的，但与此同时，却在消防与安全性能方面潜藏着巨大的可开发性。可持续性能被认为是驱使设计使用防火性能未有明

确记载的材料与策略，这在研究不成熟度得分高达 3.9 分（极其不成熟）的主题“新型可持续材料、技术与设计策略对高层建筑防火与生命安全性能的影响研究”得以体现。

此外，另有一个得分 8.0 分的主题位居前列，即“发展中国家与极度欠发达国家的高层建筑的防火与生命安全问题研究”。

“根据观察，愈来愈多的发展中国家建造了高层建筑，其高层建筑的防火与生命安全问题是一个需要得到重视的主题。进一步来说，即使是在发达国家，小城市中的高层建筑数量亦与日俱增，但高层建筑自身的独特需求却从未得到重视。”

——Richard Bukowski，美国华盛顿 Rolf Jensen and Associates 公司

该主题的研究不成熟度得分（3.9 分）在本领域内是并列最高分主题之一，因此可以认为，在该研究领域的知识资源库之中存在着关键的空白地带。

3.6.7 对问卷受访者分类

本节中的第二次问卷的受访者群体在如下领域拥有较为专业的背景。

1. 按专业背景划分

该领域的主要受访群体都拥有工程学的专业背景（图 23）。下面列出的，分别是工程专业人士受访群体以及其他行业顾问与学术研究受访群体评分最高的三个主题。

1）工程专业背景的受访群体

• 针对高层建筑内最坏情境的具有一定可信度的设计火灾的研究（**7.9**）

• 对在高层建筑中设置自动喷水灭火装置而降低耐火性能的风险研究（**7.9**）

• 用于高层建筑结构防火设计的现实火灾场景的研究与开发（**7.9**）

2）其他行业背景的受访群体

• 新型可持续材料、技术与设计策略对高层建筑防火与生命安全性能的影响研究（**9.2**）

• 建筑师、消防工程师和社区消防部门合作关系的发展与促进研究（**9.0**）

• 针对火灾场景的高层建筑概率设计方法研究（**8.8**）

3）学术界 / 高校 / 研究机构受访群体

• 针对高层建筑内最坏情境的具有一定可信度的设计火灾的研究（**9.2**）

• 建筑师、消防工程师和社区消防部门合作关系的发展与促进研究（**8.7**）

• 用于高层建筑结构防火设计的现实火灾场景的研究与开发（**8.6**）

2. 按地理区域划分

问卷受访群体所参与的建筑工程项目 / 调查研究项

23

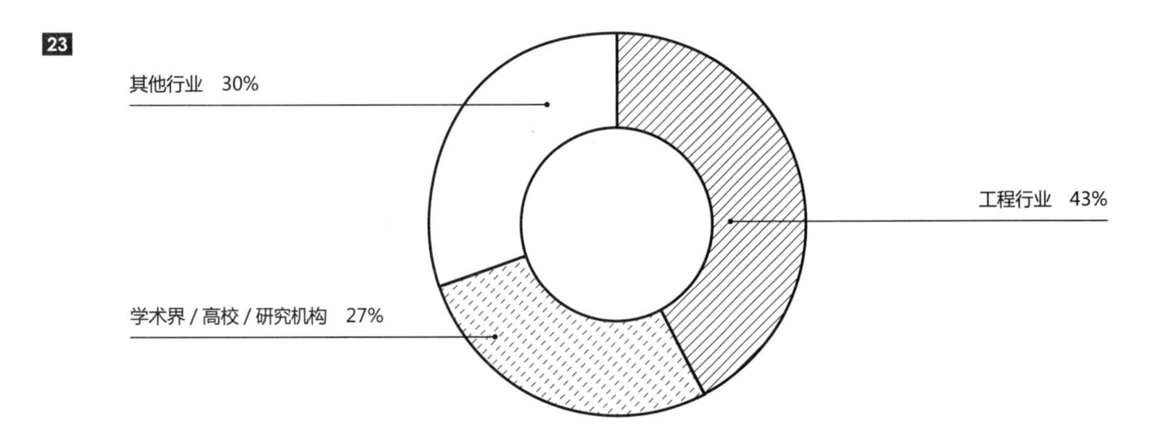

图 23：问卷回答者的专业背景分布

目的所在地约有三分之一位于北美洲（39%）和欧洲（21%）。下面所列的是这两个地区以及其他地区内得分最高的三个主题。

1）北美洲

• 针对高层建筑内最坏情境的具有一定可信度的设计火灾的研究（**7.9**）

• 发展中国家与极度欠发达国家高层建筑的防火与生命安全问题研究（**7.9**）

• 防火屏障、逃生出口和通信系统可靠性与可恢复性数据的开发与校核（**7.8**）

2）欧洲

• 针对高层建筑内最坏情境的具有一定可信度的设计火灾的研究（**9.4**）

• 建筑师、消防工程师和社区消防部门合作关系的发展与促进研究（**9.4**）

• 应对现实火灾场景高层建筑结构防火性能的设计研究与开发（**9.1**）

3）其他地理区域

• 新型可持续材料、技术与设计策略对高层建筑防火与生命安全性能的影响研究（**8.8**）

• 针对火灾场景的高层建筑概率设计方法研究（**8.3**）

• 建筑师、消防工程师和社区消防部门合作关系的发展与促进研究（**8.2**）

首先，这些结果强调了在欧洲地区工作的问卷受访者们十分重视该领域内的个别主题，得分高于 9.0 的推荐主题被认为非常重要，同时非常缺乏研究者的关注；其次，某些研究结果之间存在着共性（如建立更加良好的合作机制，测定具有可信度的最恶劣场景中的消防布局），而在此范围之外的变化可能是消防与生命安全方面不同的管理流程与解决方法的结果，在不同的国家地区而产生世界性差异之中可观察到这一点。

3.7 建筑外立面与表皮

3.7.1 问卷范例

您主要在哪个地理区域进行“建筑外立面与表皮”方面的工作？（图 24）

您曾将”建筑外立面与表皮”方面的知识运用于以下和高层建筑相关的领域吗？（图 25）

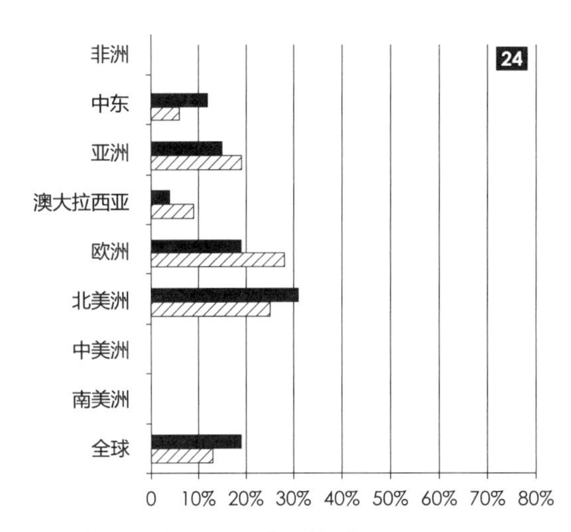

图 24：问卷统计：按地理区域

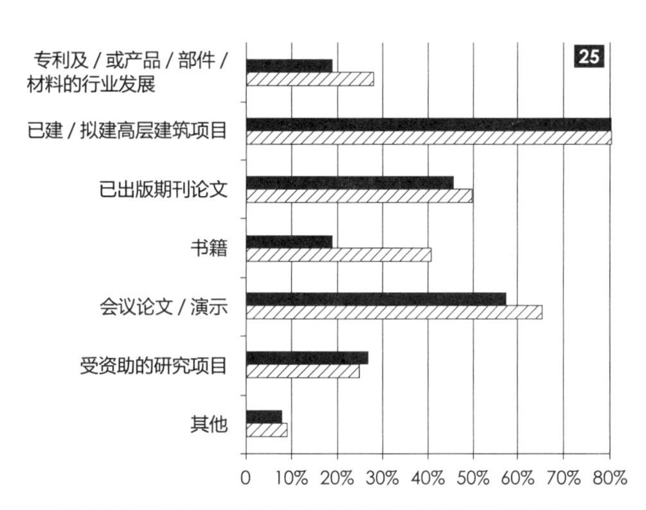

敬请留意：该问卷并非单选，以上选项的百分比之和可能超过 100%。

图 25：问卷统计：按知识运用的领域

3.7.2 阶段 1：确定优先主题

下方的“研究树”大致列出了第一次问卷调查结果所界定的不同主题，均属于“建筑外立面与表皮”领域应当重点关注的研究对象。调查组已对该系列主题进行以共性特征为标准的分组归类，并随之通过第二次问卷调查进行了重要性与研究不成熟度的排序来获取最终结果（详见下文“主题评估与排序”）。以下主题按照较宽泛的大类别与子类别进行了组合，括号内的数字代表每一个研究方向在杜威十进制图书分类法中的编号，方便读者日后检索对应领域的知识进行深入研究。如需深入了解该体系，请参见第 23—26 页。

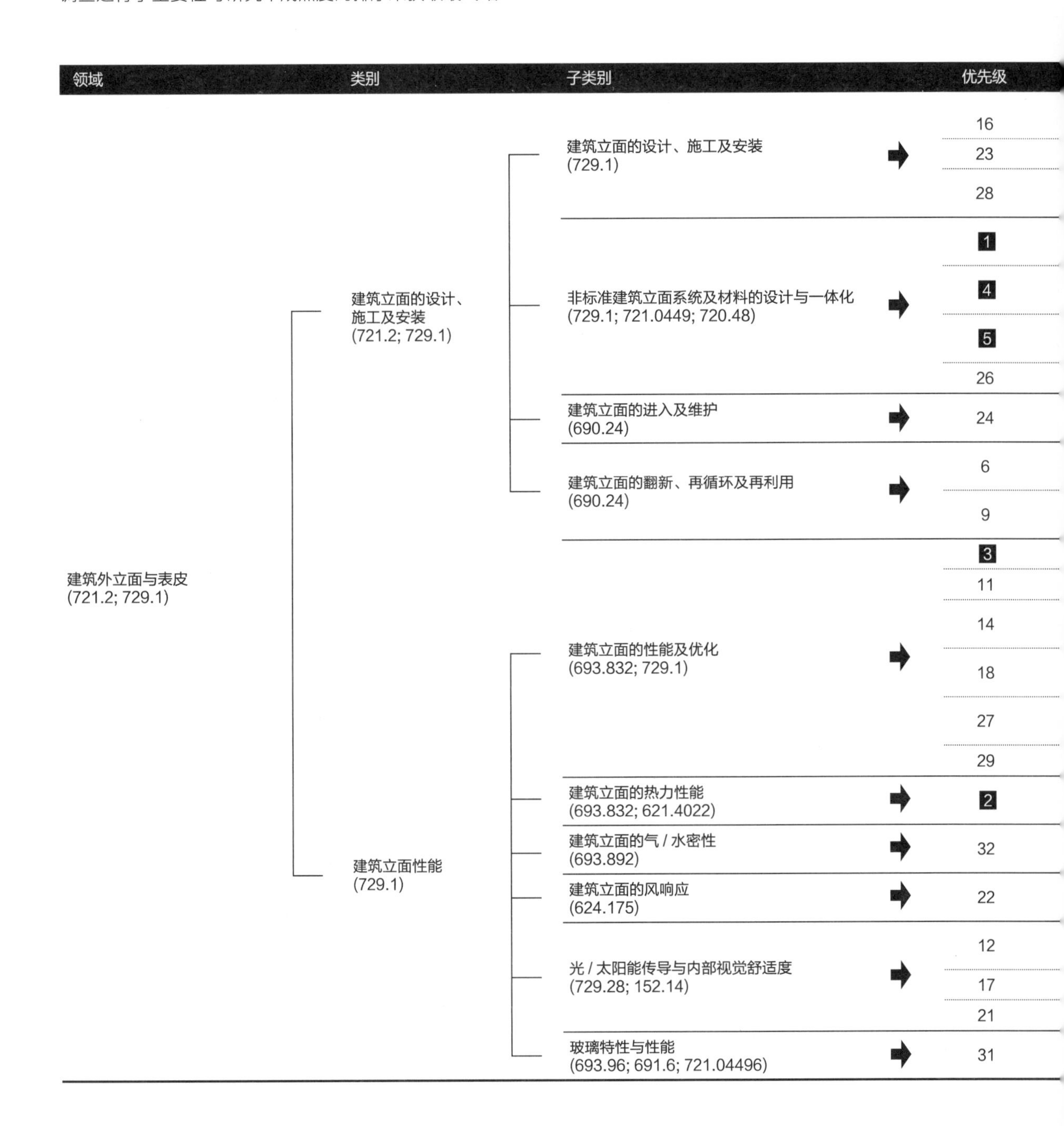

3.7.3 阶段 2：主题评估与排序

优先指数：根据第一次问卷所界定的重点主题，第二次问卷要求问卷受访者以重要性和研究不成熟度为基础，为所有的主题排序和打分（重要性：1= 完全不重要，5= 极其重要；研究不成熟度：1= 非常成熟，5= 极其不成熟），加总所有得分便可得到“优先指数”，该指标就是“优先级排序”（详见左侧表格）的依据。排序突显了接下来几年该领域最需要关注的重点主题。排名前五的主题得分以黑底色块突出显示，便于查看。如需获得关于该排序定义的详细解释，请参考第 19 页。

主题	重要性	不成熟度	优先指数
高层建筑外立面的可建造性研究（包括工人数量最少化施工所面临的风险，预制加工的可行性等）	4.2	3.0	7.2
高层建筑外立面设计工具及建模软件的研发（包括参数建模、优化工具、复杂建筑立面的设计软件等）	3.9	3.1	7.0
高层建筑的外立面美学影响因素研究（包括建筑语言表达，颜色的影响，反射性，透明度及造型尺度对城市视觉的影响等）	3.7	3.2	6.9
高层建筑外立面使用创新型 / 先进材料及覆层系统的研究（包括复合材料、光致变色玻璃、气凝胶、航空航天 / 造船技术的应用等）	4.3	3.6	7.9
高层建筑动态 / 活动建筑外立面系统的设计、施工及性能的研究（包括用户控制、标准及法规的制定、对能源表现及室内气候的影响等）	4.2	3.5	7.7
高层建筑中与建筑外立面一体化设计与建造的能源生成及收集系统的研究（包括光伏建筑一体化、风能系统、水收集系统等）	4.3	3.4	7.7
自由形态及复杂建筑外立面板及其固定装置的制造技术及系统的研究	3.6	3.4	7.0
高层建筑外立面清洗、进入及维护的研究（包括系统及策略、自动化、降低工人所面临的风险等）	3.9	3.1	7.0
高层建筑外立面的重新覆层 / 翻新的设计策略、实践及指南的研究（包括翻新工程的经济效益数据、对建筑物正常运营的影响最小化、易拆除玻璃板的供应等）	4.2	3.5	7.7
高层建筑外立面可持续、可循环再生及可重复利用材料的使用研究（包括建筑立面常用材料的再利用及可回收属性、提高再利用及可回收程度的策略等）	3.9	3.7	7.6
高层建筑外立面的隐含能源的研究（包括可快速获得的可靠指标的开发）	4.0	3.7	7.8
高层建筑外立面空间与暖通空调系统的互动及一体化的研究	4.3	3.2	7.5
高层建筑外立面透明元素的最优化及透明元素控制因素的平衡策略的研究（如眩光平衡、热力性能、采光性能等）	4.3	3.0	7.3
不同气候下高层建筑外立面设计及表现和气候对高层建筑幕墙影响的研究（包括性能、效率、成本和高温、热带、干旱、温和气候中的耐用性等）	4.1	3.0	7.2
高层建筑外立面整合绿色植物的设计及性能的研究（包括不同气候下对室内舒适度的影响，对建筑立面的热力性能及 U 值的影响等）	3.5	3.4	6.9
基于使用功能、房间用途及随着高度变化带来的气象与气候变化对高层建筑外立面进行优化的研究	3.5	3.4	6.9
提高高层建筑外立面热力性能的开发策略及产品的研究（包括诸如真空绝热板等新产品的开发、高绝缘薄覆层产品、框架构件热力性能改进等）	4.4	3.3	7.8
高层建筑外立面的气密性和水密性的测试及改进的研究（包括导致密封材料恶化的因素、空气及蒸汽屏障设计、积水处幕墙模块与金属表层的相互作用、玻璃单元的合适压力等）	3.9	2.8	6.7
风力对建筑外立面设计影响的研究（包括诸如阳台护栏及遮阳棚等附属物的影响、风洞测试、邻近建筑对幕墙峰值荷载的影响等）	4.1	3.0	7.1
高层建筑外立面遮阳策略及技术的研究（包括主动及被动系统、日照分析对设计的影响、遮阳系统的合适位置及朝向等）	4.3	3.1	7.4
对于玻璃覆盖面大的高层建筑内部及外部防眩光的指南、工具及技术的开发研究	3.9	3.3	7.2
高层建筑采光效应的建模及评估的研究（经济上的影响、使用者的受益、环境质量等）	4.1	3.0	7.1
改进高层建筑玻璃性能的研究（包括涂层开发、自清洁玻璃、减少变形的制造技术、热力性能改进、安全及更高的可见光透过率等）	4.1	2.6	6.7

领域	类别	子类别	优先级
建筑外立面与表皮 (721.2; 729.1)	建筑外立面性能 (693.8; 729.1)	双层表皮与通风建筑幕墙 (729.1)	8
			19
		对多种灾害的抵抗能力 (693.85)	7
			10
			20
			25
			30
		建筑外立面材料及部件的耐用性 (620.1122)	13
			15

3.7.4 优先级最高的前五个主题

主题	优先指数
1 高层建筑外立面使用创新型 / 先进材料及覆层系统的研究（包括复合材料、光致变色玻璃、气凝胶、航空航天 / 造船技术的应用等）	7.9
2 提高高层建筑外立面热力性能的开发策略及产品的研究（包括诸如真空绝热板等新产品的开发、高绝缘薄覆层产品、框架构件热力性能改进等）	7.8
3 高层建筑外立面的隐含能源的研究（包括可快速获得的可靠指标的开发）	7.8
4 高层建筑动态 / 活动建筑外立面系统的设计、施工及性能的研究（包括用户控制、标准及法规的制定、对能源表现及室内气候的影响等）	7.7
5 高层建筑中与建筑外立面一体化设计与建造的能源生成及收集系统的研究（包括光伏建筑一体化、风能系统、水收集系统等）	7.7

3.7.5 重要发现

在“建筑外立面与表皮”领域，我们确认了 32 个具备相当重要程度及 / 或不成熟度的单独主题。和《路线图》中许多领域一样，该领域的回答者认为该领域的研究非常重要但稍微不成熟。

就重要程度来看，32 个主题（16%）中只有 5 个在重要程度上得到了低于 3.9 分（刚好在“非常重要”之下）的分数。就不成熟度来看，90% 以上的主题在不成熟度上得到了 3.0 分（中等未成熟）或更高的分数。

3.7.6 领域内优先研究的课题

调查结果中发现许多明显的趋势。首先，人们对高层建筑中创新型 / 先进新材料及覆层系统的优先研究似乎有一种渴望，因为主题“高层建筑外立面使用创新型 / 先进材料及覆层系统的研究”“高层建筑动态 / 活动建筑外立面系统的设计、施工及性能的研究”及“高层建筑中与建筑外立面一体化设计与建造的能源生成及收集系统的研究”分别排名第 1 位、第 4 位、第 5 位。这可能是受到如下事实的影响：尽管建筑外立面设计自玻璃幕墙开发出来后已经得到发展，但大多数建筑中仍然盛行按标准用途使用玻璃、铝及硅等材料。该领域的从业人员中，似乎很流行开发并使用先进及替代材料与系统（例如光致变色玻璃、气凝胶、高温绝缘板、动态建筑立面系统、光伏建筑一体化等），且一些竣工建筑已开始这样做。

需要注意的是，上述关于研发创新型及非标准产品及系统的主题主要是关于改进高层建筑外立面的环境表现，这反映在排名第 2 的主题“提高高层建筑外立面热力性能的开发策略及产品的研究”中。其中有针对新材

主题	重要性	不成熟度	优先指数
实现高层建筑自然通风的建筑外立面设计策略及技术的研究	4.3	3.3	7.6
高层建筑双层表皮及多层建筑外立面的设计及性能的研究（包括不同气候下的性能、案例研究、生命周期内蕴含的成本等）	4.1	3.0	7.2
建筑外立面在火灾情景中的性能研究（包括试验、对建筑立面支架的影响、防火设备的使用等）	4.3	3.3	7.6
高层建筑双层表皮的防火性能及烟雾控制的研究	4.2	3.4	7.6
高层建筑中楼层与外立面的分区连接构件的性能及设计研究	3.9	3.2	7.1
建筑外立面在地震及建筑剧烈振动情景中的性能研究及测试	4.0	2.9	7.0
爆炸及炸弹对高层建筑外立面影响的研究（包括减轻影响、抗爆炸建造等）	3.7	3.2	6.8
高层建筑外立面材料及系统的安全及失效模式的研究（包括玻璃失效 / 跌落、高温处理产品的可靠性等）	4.2	3.2	7.3
高层建筑外立面材料及组件的耐用性研究（包括材料 / 组件的使用寿命、地理位置及当地气候 / 大气状况的影响等）	4.1	3.1	7.2

料及产品开发研究的特别呼吁，包括真空绝热板、高绝缘薄覆层产品、框架构件热力性能改进等。

“从阅读‘建筑外立面与表皮’领域的问卷回答中，我得到的理解是：其中表达的最主要担忧在于提高建筑外立面的‘性能’，我把这理解成‘环境表现’。‘非标准’系统及材料的应用是可能实现这一目标的一种方式。”

Peter Weismantle，美国芝加哥，AS+GG 建筑设计事务所

调查结果中一个明显的深入趋势是人们希望高层建筑外立面研究范围能够超出它们的日常性能，涵盖其整个使用寿命中的可持续发展。这个主题重复出现在《路线图》的多个领域中（尤其是在“建筑材料与制品”“可持续设计、施工及运营”中——参见第 75 页及第 81 页），并将更高的优先级别赋予诸如“高层建筑外立面的隐含能源的研究”“高层建筑外立面的翻新和改造”，以及“可持续、可循环再生及可重复利用材料的使用研究”等主题。上述主题在该领域中的不成熟度上也得到了最高分，这表明这些主题亟需开发，以推动这些领域的知识、理解及信息的进步。

关于高层建筑外立面可抵抗多种灾害的研究分散排列在整个表格中，主题“建筑外立面在火灾情景中的性能研究”及“高层建筑双层表皮的防火性能及烟雾控制的研究”得到了该子类别中最高的优先级分数。在问卷回答者看来，关于建筑外立面抵抗地震、爆炸及炸弹影响的性能研究的优先级则低得多。

3.7.7 对问卷受访者分类

该部分完成第二份问卷的回答者的专业背景分布于以下学科。

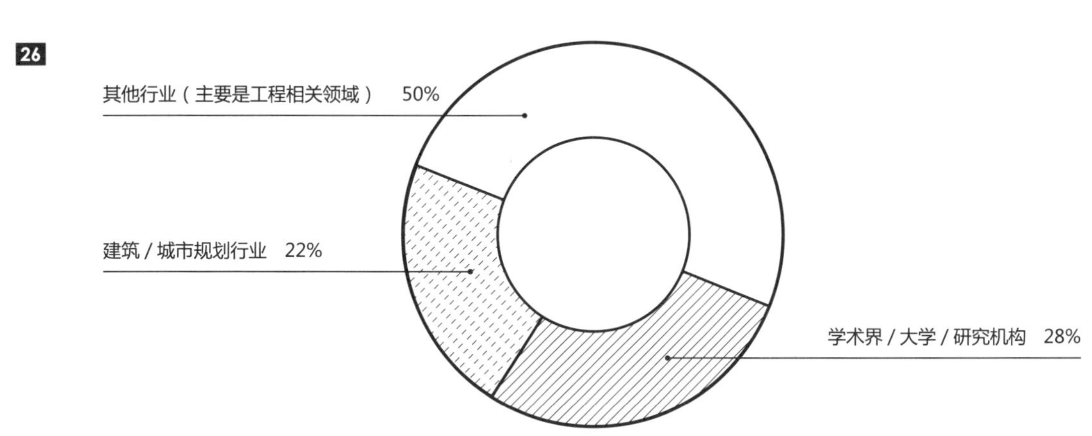

图 26：问卷回答者的专业背景分布

1. 按专业背景划分

除学者（构成了回答者的 25% 以上）之外，值得一提的是完成问卷的人主要为建筑师、工程师及工程顾问，他们从事已建 / 拟建高层建筑的工程工作，因此拥有该领域的“第一手”知识（图 26）。调查结果的重大不足在于缺少来自建筑所有者、管理者及租赁者（即那些在建筑使用寿命期内占有及管理建筑物的人士）的反馈，尽管他们的回答包括在《路线图》的所有主要类别中。

下文分别列示了来自建筑 / 城市规划行业、其他行业（多数为工程学）及学术界的回答者认为得分最高的三大主题。

1）建筑 / 城市规划行业

• 高层建筑中与建筑外立面一体化设计与建造的能源生成及收集系统的研究 (**8.6**)

• 高层建筑外立面的隐含能源的研究 (**8.2**)

• 高层建筑外立面透明元素的最优化及透明元素控制因素的平衡策略的研究 (**8.1**)

2）其他行业（多数为工程学）

• 高层建筑动态 / 活动建筑外立面系统的设计、施工及性能的研究 (**8.2**)

• 高层建筑外立面使用创新型 / 先进材料及覆层系统的研究 (**8.2**)

• 高层建筑中与建筑外立面一体化设计与建造的能源生成及收集系统的研究 (**8.2**)

3）学术界 / 大学 / 研究机构

• 高层建筑外立面的隐含能源的研究 (**8.4**)

• 高层建筑动态 / 活动建筑外立面系统的设计、施工及性能的研究 (**8.3**)

• 高层建筑外立面可持续、可循环再生及可重复利用材料的使用研究 (**8.3**)

在所有专业背景中，关于高层建筑外立面的可持续发展性能研究的优先级普遍很高。但是，值得注意的是尽管学术界人士认为使用寿命可持续发展问题的优先级更高（例如隐含能源、可持续及可循环再生材料的使用），其他咨询界人士则认为创新型材料及系统（例如动态及能源生成幕墙）的优先级更高。与其他群体相比，来自工程学背景的回答者对关于建筑外立面在火灾情景中的性能研究给出了更高的优先级分数。

2. 按地理区域划分

回答者所涉及建造 / 研究项目的位置横跨广泛的地理区域，位于欧洲、北美洲和亚洲的项目数量几乎持平，囊括了总回答数的 75% 左右。以下概述内容为这三大最具代表性的地理区域中得分最高的三大主题。

1）欧洲

• 高层建筑双层表皮的防火性能及烟雾控制的研究 (**7.8**)

• 高层建筑楼层与外立面的分区连接构件的性能及设计研究 (**7.7**)

• 提高高层建筑外立面热力性能的开发策略及产品的研究 (**7.6**)

2）北美洲

• 高层建筑中与建筑外立面一体化设计与建造的能源生成及收集系统的研究 (**8.5**)

• 高层建筑外立面空间与暖通空调系统的互动及一体化的研究 (**7.9**)

• 高层建筑外立面使用创新型 / 先进材料及覆层系统的研究 (**7.9**)

3）亚洲

• 高层建筑外立面可持续、可循环再生及可重复利用材料的使用研究 (**8.7**)

• 高层建筑中与建筑外立面一体化设计与建造的能源生成及收集系统的研究 (**8.6**)

• 高层建筑外立面使用创新型 / 先进材料及覆层系统的研究 (**8.5**)

在此值得注意的是：关于在欧洲，双层外皮的防火性能及烟雾控制的研究存在明显需求，可能是因为欧洲地区这种建筑外立面技术久负盛名。在北美洲，似乎存在一种对创新型建筑外立面材料及系统研究的偏好，这种偏好也反映在主要在亚洲地区从事高层建筑领域工作的人士的回答中。

3.8 建筑材料与制品

3.8.1 问卷范例

您主要在哪个地理区域进行“建筑材料与制品”方面的工作？（图 27）

您曾将“建筑材料与制品”方面的知识运用于以下和高层建筑相关的领域吗？（图 28）

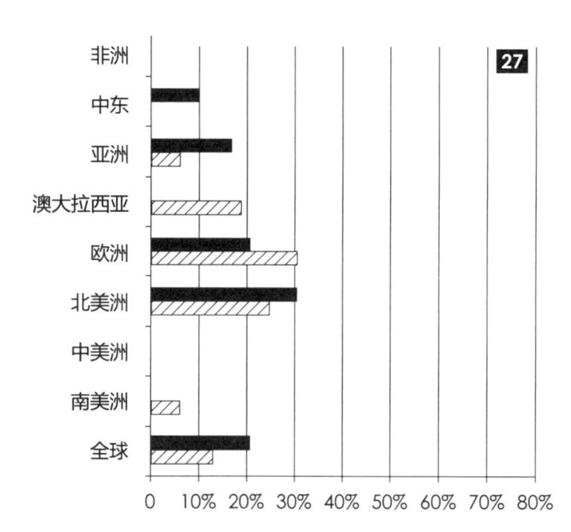

图 27：问卷统计：按地理区域

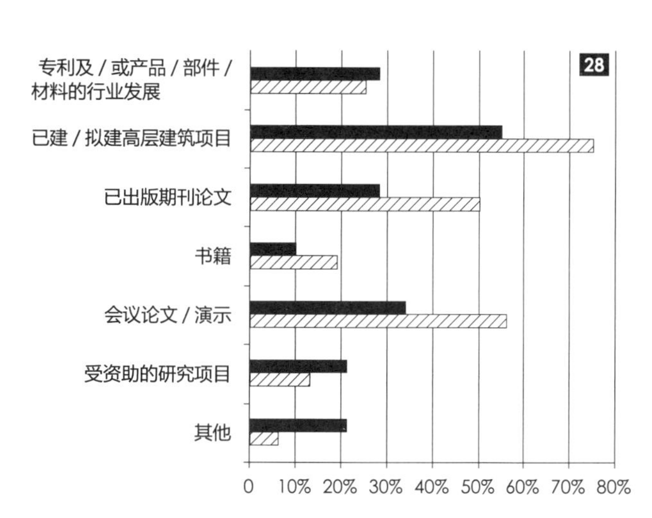

敬请留意：该问卷并非单选，以上选项的百分比之和可能超过 100%。

图 28：问卷统计：按知识运用的领域

3.8.2 阶段 1：确定优先主题

下方的“研究树”大致列出了第一次问卷调查结果所界定的不同主题，均属于“建筑材料与制品”领域应当重点关注的研究对象。调查组已对该系列主题进行以共性特征为标准的分组归类，并随之通过第二次问卷调查进行了重要性与研究不成熟度的排序来获取最终结果（详见下文“主题评估与排序”）。以下主题按照较宽泛的大类别与子类别进行了组合，括号内的数字代表每一个研究方向在杜威十进制图书分类法中的编号，方便读者日后检索对应领域的知识进行深入研究。如需深入了解该体系，请参见第 23—26 页。

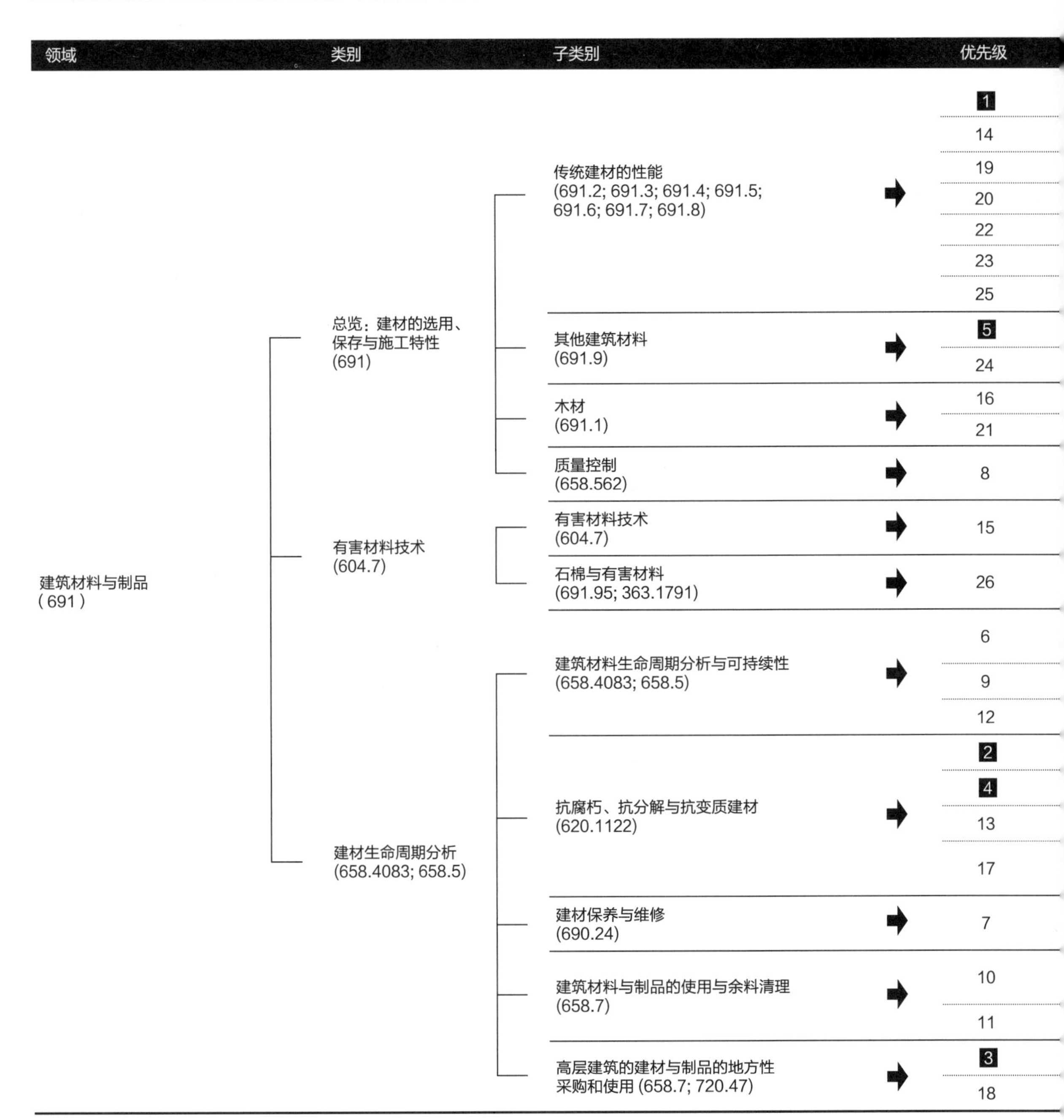

3.8.3 阶段 2：主题评估与排序

优先指数：根据第一次问卷所界定的重点主题，第二次问卷要求问卷受访者以重要性和研究不成熟度为基础，为所有的主题排序和打分（重要性：1= 完全不重要，5= 极其重要；研究不成熟度：1= 非常成熟，5= 极其不成熟），加总所有得分便可得到“优先指数”，该指标就是“优先级排序”（详见左侧表格）的依据。排序突显了接下来几年该领域最需要关注的重点主题。排名前五的主题得分以黑底色块突出显示，便于查看。如需获得关于该排序定义的详细解释，请参考第 19 页。

主题	重要性	不成熟度	优先指数
高层建筑复合材料与系统的使用研究	4.3	3.3	7.5
高层建筑混凝土徐变行为研究	3.7	3.1	6.8
高层建筑混凝土组成成分与弹性性能研究	3.7	2.9	6.6
高层建筑中高强度混凝土与超高强度混凝土的采用及其性能研究	3.9	2.7	6.6
高层建筑中高强度钢筋与超高强度钢筋的采用及其性能研究	3.6	2.8	6.4
不同规格的形变热处理强化钢筋研究及其在高层建筑中的应用研究	3.5	2.9	6.4
高层建筑中结构钢的重量尺寸比	3.5	2.6	6.1
纤维增强复合材料（FRP）的性能及其在高层建筑中的应用研究（如碳、玻璃）	3.5	3.8	7.3
弹性材料，如墙面涂料、灰泥等，在高层建筑中的应用研究	2.8	3.5	6.3
高层建筑采用木材作为结构材料的设计与性能研究（包括木材用于混合承重，如交叉层积木材楼板）	3.0	3.7	6.7
高层建筑中木材的非结构性应用研究（如墙体表皮、遮阳系统等）	3.1	3.5	6.6
高层建筑设计过程中建材制造商提供更具兼容性产品的合作机会研究	4.1	3.1	7.2
无毒与低 VOC（挥发性有机化合物）建材在高层建筑室内的采用研究	3.6	3.1	6.7
高层建筑内石棉的使用、影响与移除研究（包含相应法规、操作方法、修复、对制造过程和住户的影响等）	3.4	2.4	5.8
高层建筑的可持续低能耗建材、制品与部件的开发和使用	4.4	2.9	7.3
高层建筑特定材料与部件的隐含能源 / 隐含碳数据的开发	3.8	3.3	7.1
可持续混凝土与水泥制品在高层建筑中的使用研究	4.2	2.7	6.9
高层建筑材料与部件的耐用性优化研究	4.3	3.2	7.5
高层建筑材料与部件的耐用性的测定研究	4.3	3.1	7.4
气候对高层建筑采用的材料与部件的影响研究	3.8	3.1	6.9
高层建筑特定材料与部件之间的兼容性与影响研究（如某种材料因与其他特定材料接触而产生的材料腐化现象）	3.6	3.1	6.7
高层建筑建材与制品的易修复和可替代设计研究	3.9	3.4	7.3
高层建筑材料与部件的循环再生性与重复使用性研究（包括可拆卸的系统，与垃圾填埋相比循环利用会对环境产生的影响等）	3.7	3.3	7.0
高层建筑预制施工的策略与技术	3.9	3.1	7.0
高层建筑材料与部件的责任采购（如对加工厂污水和有毒物排放缺乏严格监管的领域）	3.7	3.7	7.4
高层建筑建材与部件的地方性采购（包含经济问题、环境问题等）	3.6	3.0	6.6

3.8.4 优先级最高的前五个主题

主题	重点研究系数
1 高层建筑复合材料与系统的使用研究	7.5
2 高层建筑材料与部件的耐用性优化研究	7.5
3 高层建筑材料与部件的责任采购（如对加工厂污水和有毒物排放缺乏严格监管的领域）	7.4
4 高层建筑材料与部件的耐用性的测定研究	7.4
5 纤维增强复合材料的性能及其在高层建筑中的应用研究（如碳、玻璃）	7.3

3.8.5 重要发现

在“建筑材料与制品”领域之中，我们确认了 26 个相对重要与 / 或研究空白的主题。该领域主题的重点研究系数相较于《路线图》中其他领域相对偏低，得分区间为 5.8 ～ 7.5。与此相似的是，该领域所确认的 26 个主题之中仅有 6 个主题的重要性得分为 4.0 或以上（非常重要），又一次成为《路线图》中此维度上得分最低的领域。这表明，问卷受访者认为，建筑材料与制品相比起其他领域，其研究的重要性偏低，或是认为该领域已超出了高层建筑研究的范畴，对于普通的材料科学家、产品设计者等群体来说，该领域的研究可应用性并不那么强。

该领域研究不成熟度的得分趋势与《路线图》里各领域的反馈较为一致，本章节之中仅 31% 的主题的不成熟度得分低于 3.0（中等不成熟），表明该领域所得到的研究关注有所增加，以推进建筑类型学在未来的发展。

3.8.6 领域内优先研究的主题

排序首位的主题为“高层建筑的复合材料与系统的应用研究”，清晰地反映了当前建筑业的趋势——根据 CTBUH 的高层建筑数据库“摩天大楼中心”（www.skyscrapercenter.com），全世界最高的 100 座建筑物之中，有 48 座已竣工或在建的建筑物采用了复合结构系统（参考 2013 年 9 月数据）。

进一步而言，该领域的问卷结果还体现出两个清晰的趋势：第一个趋势是，受访群体对重点研究高层建筑的材料与部件的耐用性和生命周期提出了需求，相关主题如“高层建筑材料与部件的耐用性改进研究”和“高层建筑材料与制品的易修复和可替代设计研究”排名位居前列（在所有主题之中排名第 2 和第 7）；第二个趋势与高层建筑的可持续性相关，以往人们对这一方面的关注聚焦于经营运作中的能源使用，然而现在这一概念已经扩展开来，纳入了更多的整体性概念，包括建筑材料与制品的生命周期。受访者们强调了该领域的研究需求，与此相关主题的排名均位列所有主题的前 50%，如“高层建筑材料与部件的责任采购”“高层建筑的可持续低能耗建材、制品与部件的开发和使用”“高层建筑特定材料与部件的隐含能源 / 隐含碳数据的开发”以及“可持续混凝土与水泥制品在高层建筑中的使用研究”。这些主题与涉及材料耐用性的主题存在着关联性，表明受访群体大体都明确地表现出对高层建筑建材与制品的生命周期可持续性进行重点研究的需求，涵盖从生产到采购以及生命周期枯竭的各个环节。

这一概念更为宽泛地明确体现在《路线图》的诸多领域各自的主题排名之中。在“可持续设计、施工与运营”领域，主题如“高层建筑隐含能源 / 隐含碳的减量策略与技术研究”“高层建筑使用寿命终止时是否允许进行拆解 / 拆除以及相应策略的研究”和“在不考虑大规模改造的前提下对于高层建筑生命周期的评价与延展的策略研究”分别排名第 2、第 5 与第 6 位（请参考第 82 页）。同样，在“建筑外立面与表皮”领域，主题如“高层建筑外立面的隐含能源的研究”和“高层建筑外立面可持续、可循环再生及可重复利用材料的使用研究”分别排名第 3 和第 9 位（请参考第 70 页）。在“能源产生、效能与评估”领域，主题如“高层建筑全生命周期的环境影响测定与计量研究”和“高层建筑与其关键部件的隐含能源 / 隐含碳的测定与计算”分别排名第 4 与第 9（请参考第 96 页）。这一点更加突出了“测定与减少高层建筑材料对环境的影响”是一个得到了广泛支持的重点研究主题。然而仍有特例存在，在“垂直交通与疏散”领域，主题“高层建筑垂直交通系统生命周期的环境影响测算、建模与度量”仅排名第 25，重点研究系数得分更低，仅为 6.5（请参考第 57 页）。与此相似的是“结构性能、多种灾害防灾设计和土工技术”领域的相关主题得分，具体涉及建筑材料可持续性的主题重点研究系数排序靠后。不过，这恰恰说明了结构工程师本质上将结构性能和材料的可持续性能联系在了一起，因此后者的专门研究由与前者相关的更广泛的主题组成（请参考第 46—49 页）。

3.8.7 其他研究空白领域

在研究不成熟度方面，问卷受访群体认为与“替代性”材料相关的研究有待开发，主题“纤维增强复合塑料（FRP）在高层建筑中的应用与性能”和“高层建筑采用木材作为结构材料的设计与性能研究”的不成熟度得分较高，分别为 3.8 和 3.7。

较为出乎意料的或许是与“传统”高层建筑材料相关的研究，如钢铁、混凝土，排名普遍接近末位，相关主题如高性能钢筋与混凝土的使用、结构钢材的重量尺寸比、混凝土的配筋率、混凝土组成成分与弹性的利用等，重点研究系数均较低。这一趋势由此类主题偏低的研究不成熟度得分所驱动（所有的主题的分值至少都属于“相对不成熟”区间，得分低于 3.0）。相较于工程师群体，受访者中的学术研究群体给此类主题的重要性排序更低（请参考下方的问卷受访群体调查结果的分解）。

3.8.8 对问卷受访者分类

本章节中的第二次问卷的受访者群体在如下领域拥有较为专业的背景。

1. 按专业背景划分

该领域的受访者主要来自于工程背景或学术背景（图 29）。以下列出的是分别从属于这两组受访群体的三个得分最高的主题。

1）工程行业背景群体

- 可持续混凝土与水泥制品在高层建筑中的使用研究（**7.5**）
- 高层建筑复合材料与系统的使用研究（**7.5**）
- 高层建筑混凝土的徐变行为研究（**7.4**）

2）学术界 / 高校 / 科研机构背景群体

- 高层建筑材料与部件的责任采购（**8.2**）
- 高层建筑采用木材作为结构材料的设计与性能研究（**8.0**）
- 高层建筑中木材的非结构性应用研究（**8.0**）

以上受访结果清晰地体现了工程行业领域和学术领域在研究关注对象上的区别。工程行业背景的受访群体认为“传统”高层建筑建材和系统更具有重点研究的价值，例如混凝土与复合系统，这或许归因于该群体曾在世界各地的高层建筑领域的实际项目中普遍运用该传统建材与系统。而学术背景的受访群体则认为替代性材

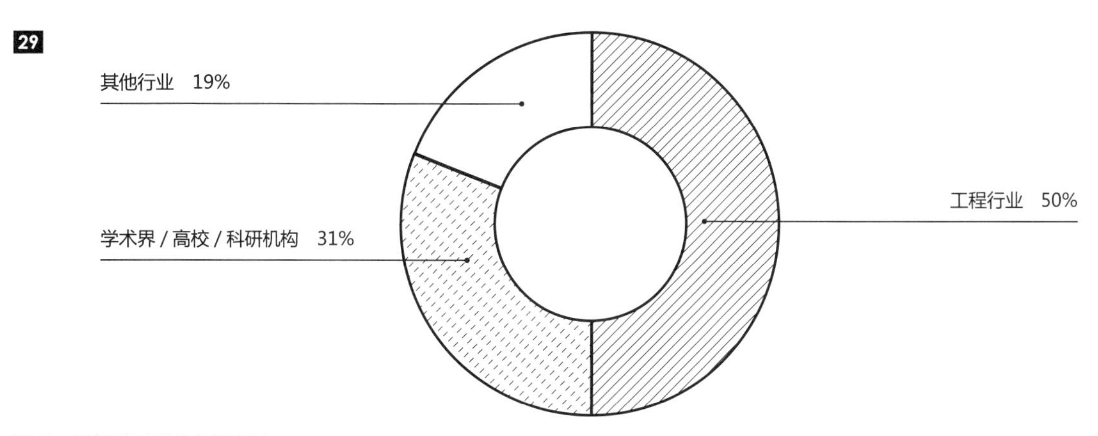

图 29：问卷回答者的专业背景分布

料的研究需要更多的关注力度，尤其是针对结构性承重和非结构性承重方面的木材运用。主题“高层建筑采用木材作为结构材料的设计与性能研究”被学术背景群体赋予了 8.0 的高分，被认为是排名第二的重点研究系数最高主题，却被工程背景群体认为是非重点主题，排名倒数第二，重要性系数和研究不成熟度得分仅达到 5.9 分，重要性平均得分为 2.3 分（仅比“略显重要”程度略高）。而事实上，有 50% 的工程背景受访者将这一主题评定为“完全不重要”。

2. 按地理区域划分

问卷受访群体所参与的建筑工程项目 / 调查研究项目的所在地基本跨越了六个大洲，其中欧洲与北美地区占比最高。下方所列的是来自这两个最具代表性的地区的受访者评定得分最高的三个主题。

1）欧洲

• 高层建筑材料与部件的循环再生性与重复使用性研究（**7.4**）

• 可持续混凝土与水泥制品在高层建筑中的使用研究（**7.2**）

• 高层建筑特定材料与部件的隐含能源 / 隐含碳数据的开发（**7.2**）

2）北美洲

• 纤维增强复合材料的性能及其在高层建筑中的应用研究（**9.0**）

• 高层建筑复合材料与系统的使用研究（**8.3**）

• 高层建筑材料与部件的耐用性优化研究（**8.3**）

当我们将受访结果根据地理区域进行分解后，便可以发现由于不同的专业背景而产生的研究重点关注度的区别均以相似的方式体现出来。工作地点位于欧洲的受访群体建议，最需要重点研究的主题应与建筑材料和制品的可持续性相关，而北美地区的受访群体则更关注复合型建材和高级材料的耐用性。这又是一个有趣的现象，两个地区分别评定的分数再次出现两极化，其中主题“纤维增强复合材料的性能及其在高层建筑中的应用研究”在北美洲群体中的重点研究系数得分为 9.0 分，在欧洲地区的得分仅有 6.3 分。与此相似的是，主题“高层建筑材料与部件的循环再生性与重复使用性研究”在欧洲群体中的得分高达 7.4，却在北美洲地区只得到 5.8 分。这种巨大的差异显现出了不同的态度与研究关注方向，以及不同地区对于技术和知识转化的不同潜在需求。

3.9 可持续设计、施工与运营

3.9.1 问卷范例

您主要在哪个地理区域进行“可持续设计、施工与运营”方面的工作？（图 30）

您曾将“可持续设计、施工与运营”方面的知识运用于以下和高层建筑相关的领域吗？（图 31）

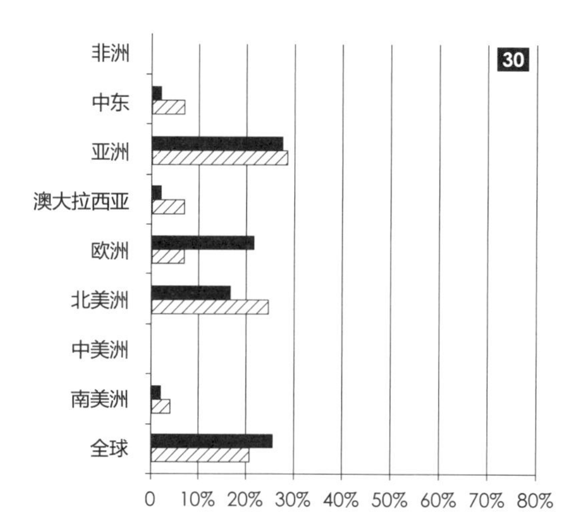

图 30：问卷统计：按地理区域

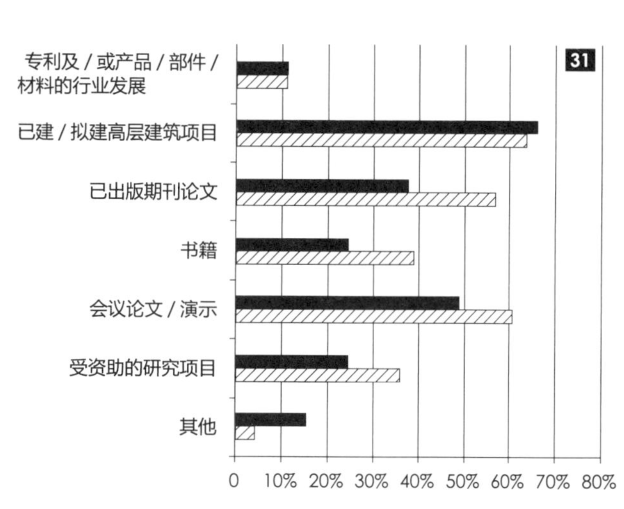

敬请留意：该问卷并非单选，以上选项的百分比之和可能超过 100%。

图 31：问卷统计：按知识运用的领域

3.9.2 阶段 1：确定优先主题

下方的“研究树”大致列出了第一次问卷调查结果所界定的不同主题，均属于“可持续设计、施工与运营”领域应当重点关注的研究对象。调查组已对该系列主题进行以共性特征为标准的分组归类，并随之通过第二次问卷调查进行了重要性与研究不成熟度的排序来获取最终结果（详见下文“主题评估与排序”）。以下主题按照较宽泛的大类别与子类别进行了组合，括号内的数字代表每一个研究方向在杜威十进制图书分类法中的编号，方便读者日后检索对应领域的知识进行深入研究。如需深入了解该体系，请参见第 23—26 页。

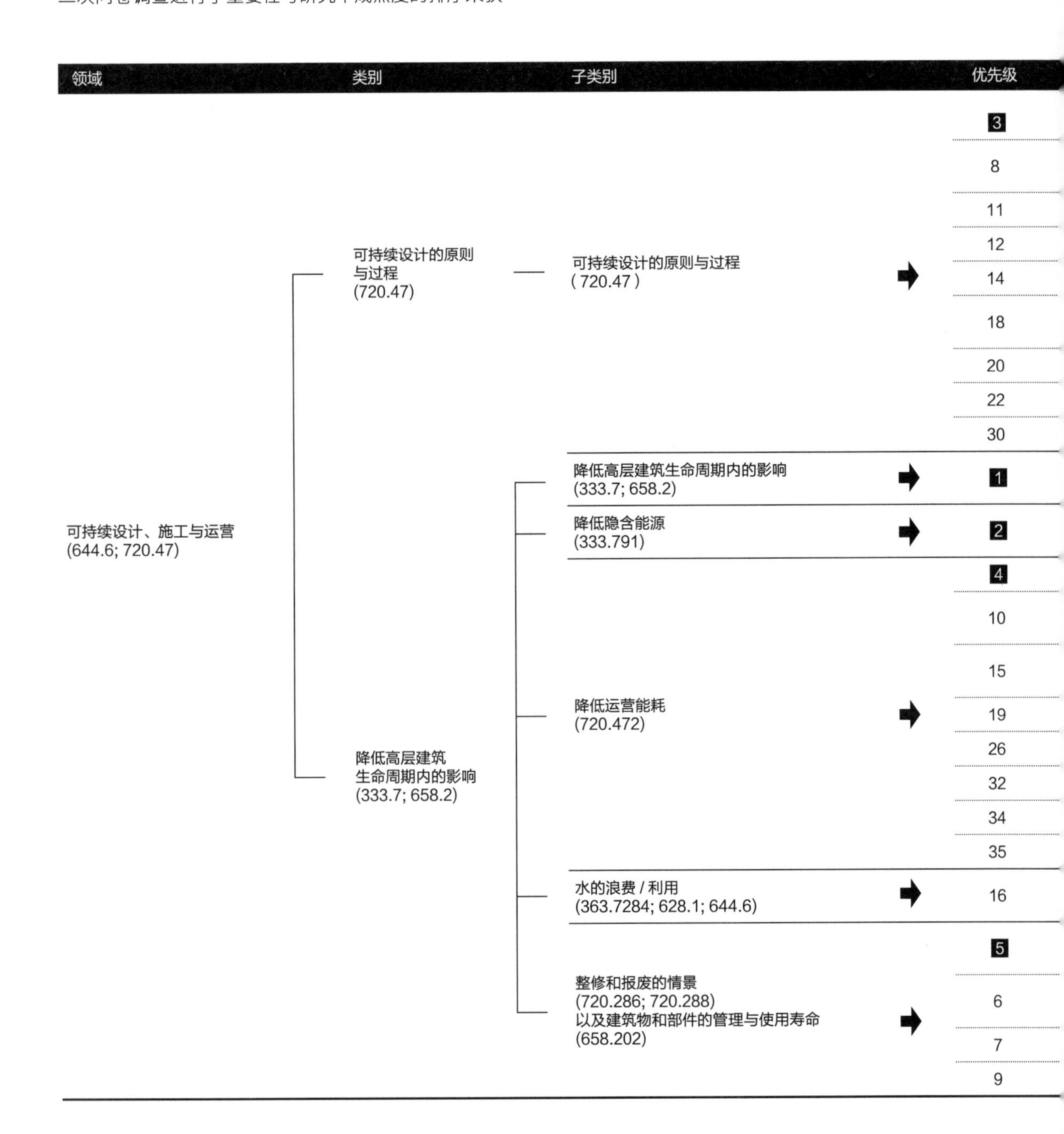

3.9.3 阶段 2：主题评估与排序

优先指数：根据第一次问卷所界定的重点主题，第二次问卷要求问卷受访者以重要性和研究不成熟度为基础，为所有的主题排序和打分（重要性：1= 完全不重要，5= 极其重要；研究不成熟度：1= 非常成熟，5= 极其不成熟），加总所有得分便可得到“优先指数”，该指标就是“优先级排序”（详见左侧表格）的依据。排序突显了接下来几年该领域最需要关注的重点主题。排名前五的主题得分以黑底色块突出显示，便于查看。如需获得关于该排序定义的详细解释，请参考第 19 页。

主题	重要性	不成熟度	优先指数
对于高层建筑形式的环境优化策略及方法的研究	4.4	3.3	**7.7**
随高度改变而造成的气象变化对高层建筑的可持续性设计与性能的影响研究（例如，气温、压力与密度的变化，烟囱效应）	4.1	3.4	7.6
高层建筑设计从自然和仿生的概念中获得灵感的策略研究（包括建筑结构、机械系统等）	4.0	3.5	7.5
提升设计团队在高层建筑可持续性实践与原则方面的了解和知识水平的研究及策略	4.1	3.3	7.4
微气候对可持续高层建筑设计的影响的研究（例如，局部地区风的特征、周围环境）	4.3	3.1	7.4
使用和开发软件及模型工具来提升高层建筑可持续性的研究（包括采光、风、烟囱效应、暖通空调以及能源的模拟，使用模型在早期设计阶段获取能源绩效信息，建立参数模型，模型标准的开发等）	4.3	3.0	7.3
高层建筑设计中被动式设计原则的应用与效果的研究	4.1	3.2	7.3
垂直农场的设计与条件的研究（包括确定这种解决方法是否能在实际上提供更加可持续的农业生产）	3.5	3.7	7.2
高层建筑中绿化种植的设计、效果和集成的研究（包括屋顶绿化、空中花园、绿色容积率等）	3.9	3.0	6.9
开发碳中性、零能源、零碳排放和能够自我维持的高层建筑的策略与技术研究（包括评估这些概念是否在技术上可行）	4.4	3.5	**7.8**
高层建筑隐含能源 / 隐含碳的减量策略与技术研究	4.1	3.6	**7.8**
把被动式设计策略与技术融入高层建筑用于降低能源需求以及提高居住者舒适度的研究	4.5	3.1	**7.6**
高层建筑实现自然 / 混合通风的策略与技术研究（包括形式、外观以及内部结构的影响，确定自然 / 混合通风的经济与环境优势等）	4.3	3.2	7.5
高层建筑的低能耗空调与气候管理系统的使用和发展研究（包括吸收式制冷机、除湿制冷、太阳能制冷系统等技术）	4.3	3.0	7.3
高层建筑烟囱效应的研究（包括利用有利的方面、减轻不利的方面）	4.3	3.0	7.3
高层建筑能量回收系统的使用研究（例如，机械通风与热回收系统）	4.3	2.7	7.0
提升高层建筑空调和 MEP 系统的性能与效率的研究	4.1	2.8	6.9
能源管理控制系统和在运营中实现高能源效率的策略研究	4.2	2.6	6.8
减少高层建筑内部由于计算机运行产生的热负荷的研究（包括消除热量的策略、错开全天的运行等）	3.8	3.0	6.8
降低高层建筑水耗的策略及技术的研究（包括污水处理、降低卫生洁具的用水量、水的回收利用、雨水收集等）	4.3	3.1	7.3
高层建筑使用寿命终止时是否允许进行拆解 / 拆除以及相应策略的研究（同样，还包括部件、材料等的再利用）	3.7	4.0	**7.6**
在不考虑大规模改造的前提下对于高层建筑生命周期的评价与延展的策略研究（例如，降低建筑维护费用、检验居住者对于建筑报废的需求等）	4.0	3.6	7.6
通过对高层建筑的适应性再利用以及改变其功能来延展其生命周期的策略的研究	4.1	3.5	7.6
通过对高层建筑的改造来提升其能源绩效和延展生命周期的研究	4.4	3.2	7.6

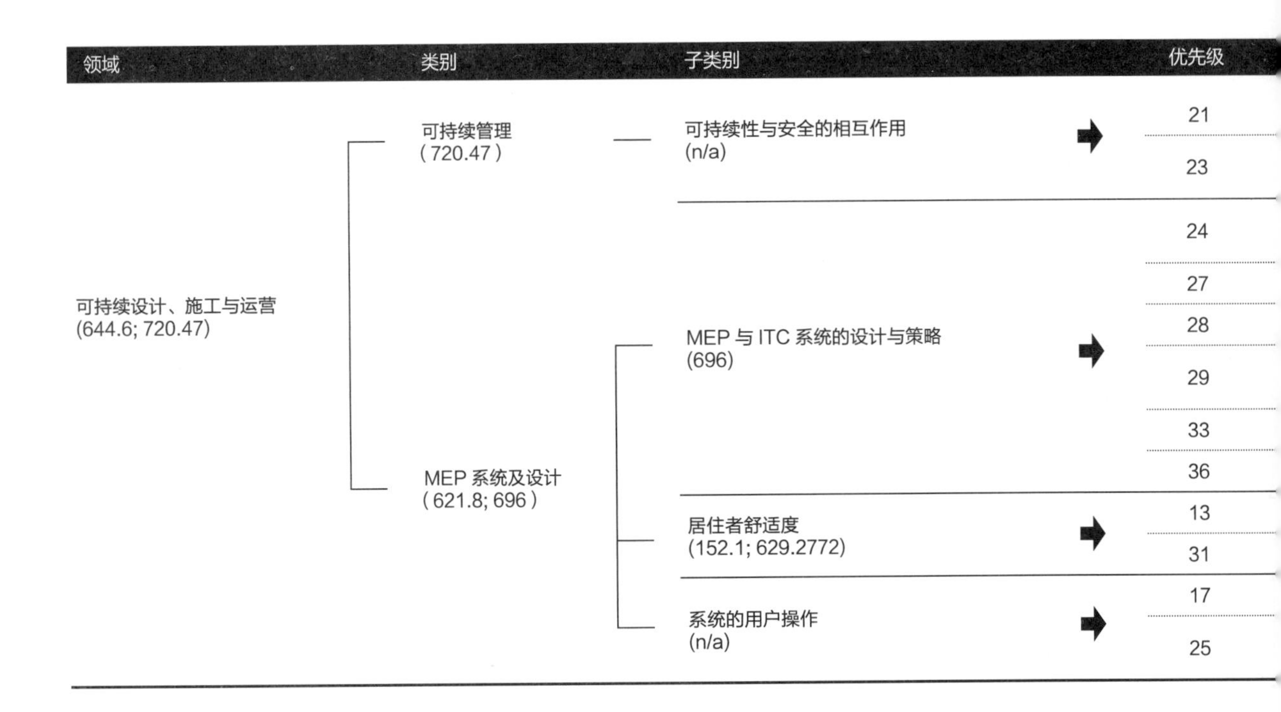

3.9.4 优先级最高的前五个主题

主题	优先指数
1 开发碳中性、零能源、零碳排放和能够自我维持的高层建筑的策略与技术研究（包括评估这些概念在技术上是否可行）	7.8
2 高层建筑隐含能源 / 隐含碳的减量策略与技术研究	7.8
3 对于高层建筑形式的环境优化策略及方法的研究	7.7
4 把被动式设计策略与技术融入高层建筑用于降低能源需求以及提高居住者舒适度的研究	7.6
5 高层建筑使用寿命终止时是否允许进行拆解 / 拆除以及相应策略的研究（同样，还包括部件、材料等的再利用）	7.6

3.9.5 重要发现

在“可持续设计、施工与运营”领域中，我们确认一共有 36 个相对重要以及 / 或者未成熟的独立主题。可持续性，特别是对于高层建筑研究而言，是一个整体性的、学科交叉的领域。正因如此，在整个《路线图》中，我们发现了很多与可持续性相关的研究主题，并不只局限在这一部分里。在可能的情况下，这一部分已经把所有常见的与可持续性相关的研究集合在了一起，尽管有一些更适合放在其他领域的主题仍被放在它该在的位置上（例如，与建筑外立面可持续性直接相关的主题被放在“建筑外立面与表皮”部分）。

与《路线图》中的很多领域一样，“可持续设计、施工与运营”领域中的主题的不成熟程度评分较高，89% 的主题达到了 3.0 分（中等不成熟）及以上。这意味着在接下来的几年，需要继续发展该领域的研究，使其发展到一个更高的水平。

3.9.6 领域内优先研究的主题

由于可持续性其本质涵盖了非常广泛的内容，因此那些被调查者排在较高优先级上的研究主题所包含

主题	重要性	不成熟度	优先指数
将能源节约分析与安全上的考量相结合的策略的研究（包括在可持续性的标准中引入安全方面的指标）	3.7	3.6	7.3
可持续性与高层建筑防火和生命安全之间的作用及平衡的研究（例如，可持续性的新材料和设计策略对火灾荷载假定的影响等）	4.0	3.2	7.2
气候对机械系统选择的影响的研究（例如在位于热带气候地区的建筑里应用冷却梁以及冷凝天花板以避免冷凝结露现象的发生等）	3.9	3.3	7.2
把结构与 MEP 系统结合起来的策略的研究（例如，将空心板用作空调管道等）	3.7	3.3	7.0
降低高层建筑中 MEP 系统占用空间大小的策略的研究（包括供风系统、机房、吊顶空间、立管等）	3.9	3.1	6.9
如何确立适合的 MEP 负荷以及系统规模大小的研究（包括由微气候里实际的 CO_2 含量所决定的通风的需求、入住率对负荷和暖通空调规模的影响、检验高层建筑的空调系统是否规模过大等）	3.9	3.0	6.9
增强 MEP 系统灵活性的研究	3.8	3.0	6.9
为目前和未来高层建筑内部以及高层建筑之间提供信息技术连接的研究	3.5	3.2	6.7
居住者在高层建筑里的舒适度和心理幸福感定义的研究（包括在不同的气候里，不同空调系统的影响等）	4.2	3.2	7.4
高层建筑内部空气质量的研究	4.0	2.9	6.9
降低高层建筑内居住者的能源消费的策略的研究（例如，在一座办公大楼里，以楼层为单位进行竞争等）	3.9	3.4	7.3
使用者对高层建筑中的 MEP 系统的操作和在该方面教育的研究（包括建筑管理系统、对暖通空调系统能源的不当利用所造成的影响等）	3.9	3.2	7.1

的种类也非常多样。优先程度评分最高的主题是“开发碳中性、零能源、零碳排放和能够自我维持的高层建筑的策略与技术研究（包括评估这些概念是否在技术上可行）”，这是一个非常宽泛的主题，包含了多种多样的研究方向，也许在某种程度上也说明了该主题在被调查者中的热门程度。然而，尽管它涉及范围已经非常之宽，但是对于在该主题下进行进一步的研究探索来说，目前仍然有非常大的机遇和需求。

“（研究）的焦点应当更加集中于如何利用高层建筑的高度以及怎样与城市环境整合从而实现资源利用上的净零（包括新建和既有的建筑）。”

Luke Leung，美国芝加哥 SOM 建筑事务所

纵观整个《路线图》，始终体现了对展开进一步研究的需求：关于如何从一个更宽的生命周期的角度来看待高层建筑的可持续性，并不只是日常的运作，还包括建造以及最终报废。例如降低高楼的隐含能源 / 隐含碳、拆解 / 拆除、延展高层建筑的生命周期以及适应性利用与改装这一些主题，全部都位列该领域的十大研究主题之中。这一点还反映在《路线图》的很多部分里，在“建筑材料与制品”（详见第 75 页）部分里被概述得更加详细。这个趋势在其他建筑领域中也同样明显，并不仅仅是在高层建筑领域，专业以及学术领域都开始日益关注隐含能源 / 隐含碳的问题。

“把被动式设计策略与技术融入高层建筑用于降低能源需求以及提高居住者舒适度的研究”获得了最高的平均重要性评分 (4.5)，同样它也是一个涵盖了许多主题的广泛主题。在同一个领域里，更加具体的主题“高层建筑实现自然 / 混合通风的策略与技术研究”同样也获得了很高的分数。

“考虑到高层建筑在城市 / 郊区环境中的作用，它们会具有非常巨大的持续性影响。为了能更好地理解高层建筑的持续性贡献，这种影响必须被量化。”

Abbas Aminmansour，美国伊利诺伊大学香槟分校

3.9.7 其他研究空白领域

“高层建筑使用寿命终止时是否允许进行拆解 / 拆除以及其相应策略的研究”获得了主题不成熟度方面的最高评分：4.0 分（非常不成熟）。在《路线图》所有部分里的不成熟程度评分中，它位列第 3，说明在该主

题方面可能存在一个非常大的研究空白。由于目前很少存在高层建筑被拆除的情况，全球只有 5 座高度超过 150m 的塔式建筑曾被人为拆除，因此这个方向的研究基本没有什么进展，而该领域的知识也只被极少数拆除公司所掌握。然而，在不久的将来，随着很多高层建筑接近它们有效寿命的终点，这样的研究可能会非常有价值。这项发现同样也被我们在“建筑材料与制品”领域（第 75 页）得到的结果所支持，“高层建筑建材与制品的易修复和可替代设计研究”和“高层建筑建材和部件的循环再生性与重复使用性研究”分别位列第 7 和第 10 位。然而，对于这个方面的研究的需求并没有延伸到结构或是建造领域，“提高结构部件的重复利用和循环利用的结构连接的研究”在“结构性能、多种灾害防灾设计和土工技术”的所有 54 个主题中仅仅位列第 31 位（第 46—47 页）。“高层建筑拆解策略的设计研究”在“施工与项目管理”领域（第 91 页）位列最后。

3.9.8 对问卷受访者分类

完成这一部分的第二份调查问卷的被调查者的专业背景分为如下几类。

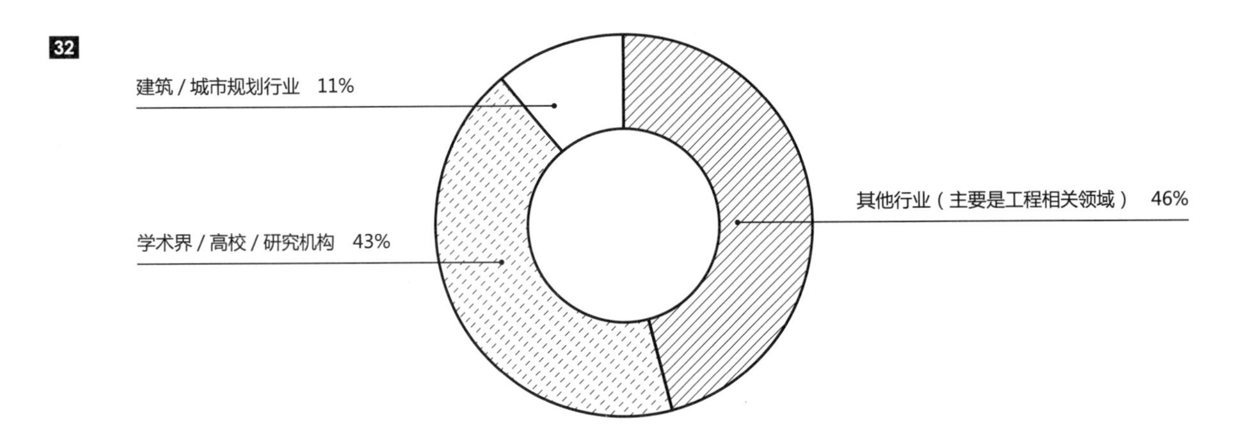

图 32：问卷回答者的专业背景分布

1. 按专业背景划分

有趣的是，问卷得到的建筑师和城市规划者的回应要低于预期。这可能是由于这些专业人士大多只会回答“建筑与室内设计”或者“都市设计、城市规划与社会问题”这些局部的问题，或者也许他们觉得自己在可持续性这一领域里并没有足够的知识或者很少涉及。

回复该领域问题的被调查者基本上平均分布在学术界与工程行业领域，后者中大多数都是工程师和工程顾问（图 32）。下面分别总结了对于工程行业和学术界的被调查者来说，他们打分最高的三个主题。

1）其他行业（主要是工程相关领域）

• 开发碳中性、零能源、零碳排放和能够自我维持的高层建筑的策略与技术研究 (**7.7**)

• 把被动式设计策略与技术融入高层建筑用于降低能源需求以及提高居住者舒适度的研究 (**7.6**)

• 对于高层建筑形式的环境优化策略及方法的研究 (**7.6**)

2）学术界 / 高校 / 研究机构

• 高层建筑隐含能源 / 隐含碳的减量策略与技术研究 (**8.4**)

• 高层建筑使用寿命终止时是否允许进行拆解 / 拆除以及其相应策略的研究 (**8.3**)

• 通过对高层建筑的适应性再利用和改变其功能来延展其生命周期的策略的研究 (**8.0**)

这里需要指出的一个有趣现象就是工程行业人士打分最高的主题倾向于关注建筑的运营（例如碳中性、被动式设计策略），而那些学术领域的人士所关注的是从一个更宽广的生命周期的视角来看待高层建筑的可持续性，包括那些涉及隐含碳、拆解 / 拆除和适应性再利用的主题。

2. 按地理区域划分

被调查者所参与的建筑 / 研究项目所处的地理位置涵盖了非常大范围的区域，尽管以亚洲和北美洲的——高层建筑的两大主要市场——居多。下面总结了在这两大最具代表性的地理区域中评分位列前三的课题。

1）亚洲

• 把被动式设计策略与技术融入高层建筑用于降低能源需求以及提高居住者舒适度的研究 (**7.8**)

• 随高度改变而造成的气象变化对高层建筑的可持续性设计与性能的影响研究 (**7.8**)

• 居住者在高层建筑里的舒适度和心理幸福感定义的研究 (**7.7**)

2）北美洲

• 开发碳中性、零能源、零碳排放和能够自我维持的高层建筑的策略与技术研究 (**8.3**)

• 对于高层建筑形式的环境优化策略及方法的研究 (**8.1**)

• 在不考虑大规模改造的前提下对于高层建筑生命周期的评价与延展的策略研究 (**8.1**)

有趣的是，对于那些涉及建筑的寿命终止的课题（例如，改造、适应性再利用、生命周期延伸、拆解 / 拆除等）的重要性的打分，北美的被调查者会比亚洲的给出更高的分数。这可能是由于很多在 20 世纪 50—70 年代北美地区建造的高楼大厦都在接近它们的使用寿命的终点，然而亚洲的高楼普遍较新，所以它们还处于生命周期的早期或者中期阶段。

3.10 施工与项目管理

3.10.1 问卷范例

您主要在哪个地理区域进行“施工与项目管理”方面的工作？（图 33）

您曾将“施工与项目管理”方面的知识运用于以下和高层建筑相关的领域吗？（图 34）

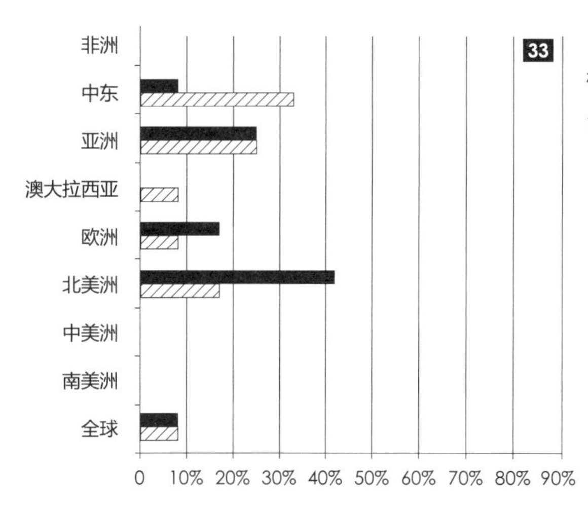

图 33：问卷统计：按地理区域

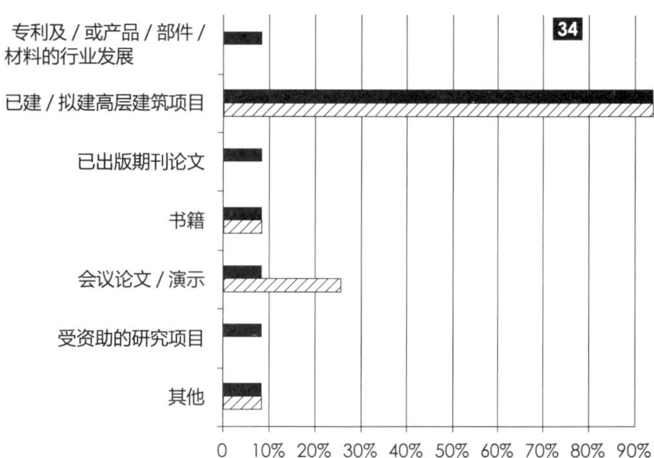

敬请留意：该问卷并非单选，以上选项的百分比之和可能超过 100%。

图 34：问卷统计：按知识运用的领域

3.10.2 阶段 1：确定优先主题

下方的“研究树”大致列出了第一次问卷调查结果所界定的不同主题，均属于“施工与项目管理”领域应当重点关注的研究对象。调查组已对该系列主题进行以共性特征为标准的分组归类，并随之通过第二次问卷调查进行了重要性与研究不成熟度的排序来获取最终结果（详见下文“主题评估与排序”）。以下主题按照较宽泛的大类别与子类别进行了组合，括号内的数字代表每一个研究方向在杜威十进制图书分类法中的编号，方便读者日后检索对应领域的知识进行深入研究。如需深入了解该体系，请参见第 23—26 页。

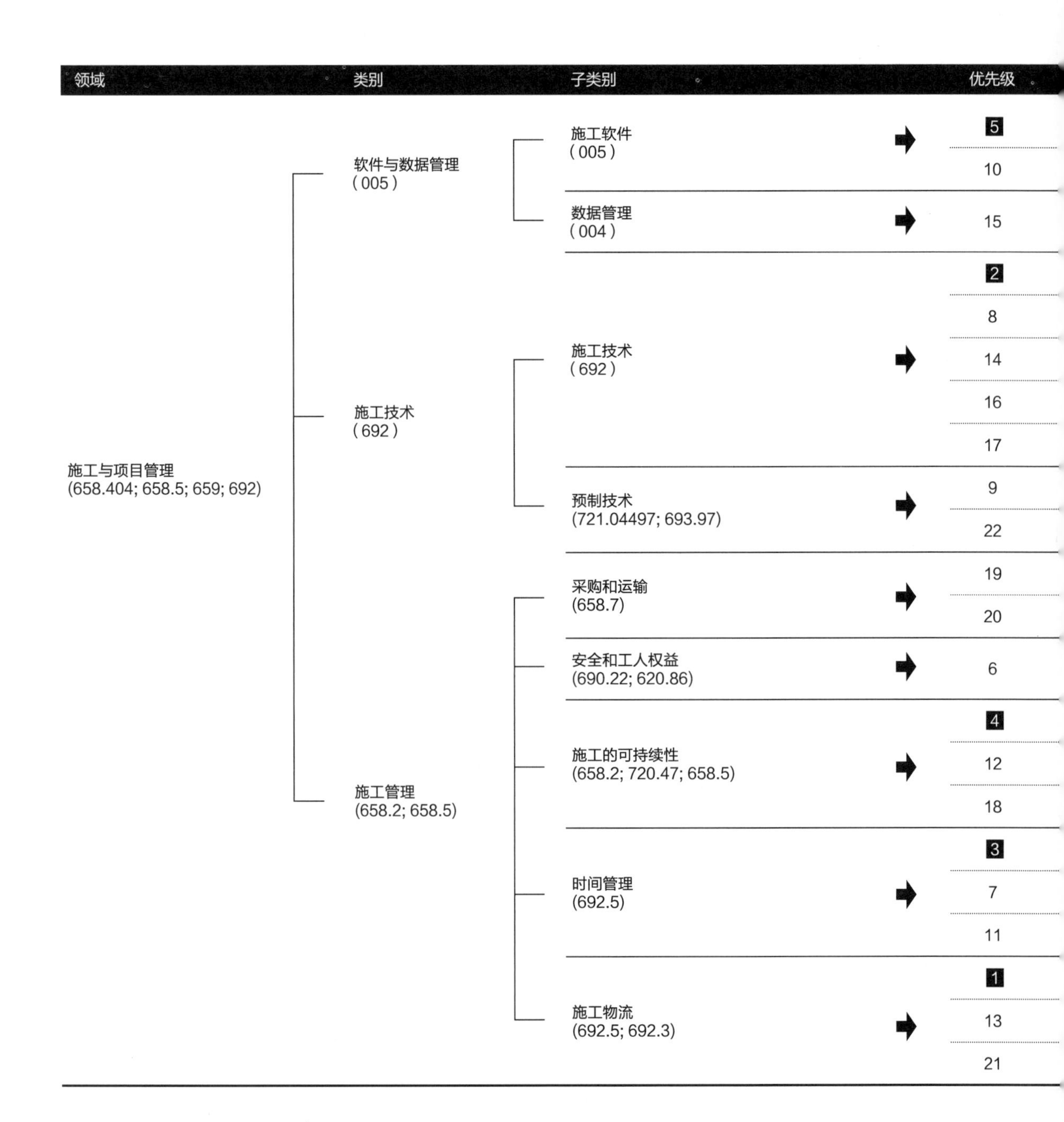

3.10.3 阶段 2：主题评估与排序

优先指数：根据第一次问卷所界定的重点主题，第二次问卷要求问卷受访者以重要性和研究不成熟度为基础，为所有的主题排序和打分（重要性：1= 完全不重要，5= 极其重要；研究不成熟度：1= 非常成熟，5= 极其不成熟），加总所有得分便可得到“优先指数”，该指标就是“优先级排序”（详见左侧表格）的依据。排序突显了接下来几年该领域最需要关注的重点主题。排名前五的主题得分以黑底色块突出显示，便于查看。如需获得关于该排序定义的详细解释，请参考第 19 页。

主题	重要性	不成熟度	优先指数
综合软件和工具（例如 BIM）的研制与开发，以及它们对高层建筑设计、施工和物流的影响	4.2	3.1	**7.3**
使用 3D 打印技术的高层建筑构件自动化施工软件和技术的研究与发展	3.5	3.8	7.2
高层建筑施工材料数据管理系统（例如，选项评估与比较系统）的研发	3.8	3.2	7.0
复杂高层建筑项目施工新方法和新体系的研究与发展	4.3	3.3	**7.6**
改善高层建筑施工效率的技术、方法、策略的研究与发展	4.3	2.9	7.3
主要工程设备（起重机、成型系统、混凝土泵）选择与运行的研究及对建筑经济学的影响	4.3	2.8	7.0
高层建筑施工区域性方法研究及对设计、效能与可持续性的影响	3.6	3.4	7.0
高层建筑施工容许更大公差的技术与策略研究	3.8	3.1	6.9
高层建筑预制施工技术研究（定制因素、成本影响、环境、计划、地理变动因素等）	4.0	3.2	7.2
高层建筑拆解策略的设计研究	3.2	3.5	6.7
高层建筑设计、施工、运维项目一体化实施 (IPD) 的效益与局限性研究	3.5	3.3	6.8
传统工程采购与高层建筑设计采购方案的对比研究（先进性、缺点、进度影响等）	3.7	3.1	6.8
高层建筑施工现场改善与安全（包括保护层系统、安全的多层同步施工等）	4.4	2.9	7.3
高层建筑施工减排（废物、废水）实务与策略发展研究	3.8	3.5	**7.3**
高层建筑生命周期中施工阶段产生的总体环境影响的判断与研究	3.9	3.2	7.1
高层建筑施工能耗降低技术与策略研究	3.8	3.1	6.9
高层建筑提高施工速度的策略发展与研究（包括精益建设原则等）	4.2	3.2	**7.4**
高层建筑分期交付策略研究	3.8	3.5	7.3
高层建筑施工规划与方案研究	4.4	2.8	7.1
高层建筑项目物流最佳实务、案例总结以及国际领导团队经验的传播学研究	4.5	3.3	**7.8**
高层建筑施工现场物流研究	4.0	3.1	7.1
高层建筑施工团队与咨询团队促进合作的策略研究	3.9	2.8	6.8

3.10.4 优先级最高的前五个主题

主题	优先指数
1 高层建筑项目物流最佳实务、案例总结以及国际领导团队经验的传播学研究	7.8
2 复杂高层建筑项目施工新方法和新体系的研究与发展	7.6
3 高层建筑提高施工速度的策略发展与研究（包括精益建设原则等）	7.4
4 高层建筑施工减排（废物、废水）实务与策略发展研究	7.3
5 综合软件和工具（例如 BIM）的研制与开发，以及它们对高层建筑设计、施工和物流的影响	7.3

3.10.5 重要发现

在“施工与项目管理”领域中，我们确认了 22 个相对重要或尚待研究的独立主题。此领域作为《路线图》的一部分，尽管经过本研究编辑团队努力尝试（甚至直接寻找该领域中的专家），但两份问卷所获得的回应都是最少的（同“经济与成本”领域一样）（方法详情见第 18 页）。该领域调查主题的选择具有广泛性和实用性，内容涵盖从设备的选择、运行到废物和水处理，从项目采购到人员安全保障等，因而得到如此少的回应是令人诧异的。同时，缺乏回应通常反映在高度不成熟指标上，22 个主题中只有 5 个主题的得分小于平均不成熟度得分 3.0（中等不成熟）。这一结果意味着“施工与项目管理”领域中仍有许多主题尚需取得重大研究进展或广泛传播以促进该领域的研究。

“我失望地看到‘施工与项目管理’领域中所有主题的‘平均不成熟度’得分偏高，表明我们所处的行业整体并未充分利用结构化学习及相关研究所带来的机遇。建筑行业在涉及生产效率，尤其是时间效率（浪费、故障）的提高方面整体落后于其他行业，并且在过去几十年中相关技术停滞不前，局面仍亟待重大转变。”

William Maibusch，CTBUH 理事，卡塔尔多哈

3.10.6 领域内优先研究的主题

最高优先级主题“高层建筑项目物流最佳实务、案例总结与国际领导团队经验的传播学研究”的优先级指数得分为 7.8。这一得分强调了前述观点及整体研究不成熟度较高的原因，同时，也说明“施工与项目管理”领域也许并非缺乏学术研究，而是缺乏对研究成果转化的传播，致使该领域中的研究发展似乎受到了限制。优先级第 2、3 位的主题分别是“复杂高层建筑项目施工新方法和新体系的研究与发展”和“高层建筑提高施工速度的策略发展与研究”，考虑到日益增长的高层建筑工程开工数量与随之而来的各种挑战，新的高度与建筑功能，以及对于任何高层项目，可行性施工速度与财务回报的重要性，上述两个主题获得高分并不令人惊讶。除此以外，“高层建筑施工减排（废物、废水）实务与策略发展研究”优先级排名第 4 的结果有些令人惊讶，部分原因在于较高的不成熟度得分：3.5 分。

日常运维之外的高层建筑可持续性研究，是《路线图》研究树中几个区域的共同主题，与降低建筑物能耗、可持续建造与拆除相关的主题及领域包括：“建筑外立面与表皮”、“建筑材料与制品”和“可持续设计、施工与运营”（见第 69、第 75 和第 81 页）。但是在“施工与项目管理”这一领域中，除了减少废物、废水策略研究外，此类研究的优先级都特别低，这些主题甚至没有成为优先考虑对象。另外，一项令人倍感兴趣的事实是，“高层建筑使用寿命终止时是否允许进行拆解 / 拆除以及其相应策略的研究”主题在“可持续设计、施工与运营”领域中排名第 5 位（优先级指数 7.6，见第 83 页）。但是在“施工与项目管理”领域中，该主题排名以 6.7 分居于末位，体现出高层建筑建造领域并未意识到该研究主题的价值，3.5 分的不成熟度得分也反映出该主题发展研究显著滞后的现状。

“高层建筑施工团队与咨询团队促进合作的策略研究”在“施工与项目管理”主题领域中以 6.8 分的优先级得分排名倒数第 2，但与不同领域中类似主题的排名优先级之间存在矛盾，例如，“高层建筑设计相关学科的协作与相互影响、改善与促进研究”主题在“建筑与室内设计”主题领域排名第 7（见第 34—35 页），同时，由工程顾问参与的非常具体的学科，如在“消防与生命安全”领域的所有研究主题中，“建筑师、消防工程师和社区消防部门合作关系的发展与促进研究”的优先级高居第 3 位（见第 62—63 页）。

3.10.7 其他研究空白领域

拥有最高不成熟度得分的其他主题是：

- 使用 3D 打印技术的高层建筑构件自动化施工软件和技术的研究与发展（**3.8**）
- 高层建筑分期交付策略研究（**3.5**）
- 高层建筑施工减排（废物、废水）实务与策略发展研究（**3.5**）

这些主题可被视为潜在的空白研究领域，在可预见的不久的将来，分期交付将成为最有价值的研究主题。多功能高层建筑项目数量不断增长的趋势，意味着分期入住对于开发商（能够尽早产生收益）和建筑运营商（产生竞争优势）而言，正成为一项重要性日益增加的影响因素。

3.10.8 对问卷受访者分类

基于专业背景和地理区域的调查问卷，由于回应者寥寥，导致结果缺乏实践性或实际价值而被停止。

3.11 能源产生、效能与评估

3.11.1 问卷范例

您主要在哪个地理区域进行“能源产生、效能与评估”方面的工作？（图 35）

您曾将“能源产生、效能与评估”方面的知识运用于以下与高层建筑相关的领域吗？（图 36）

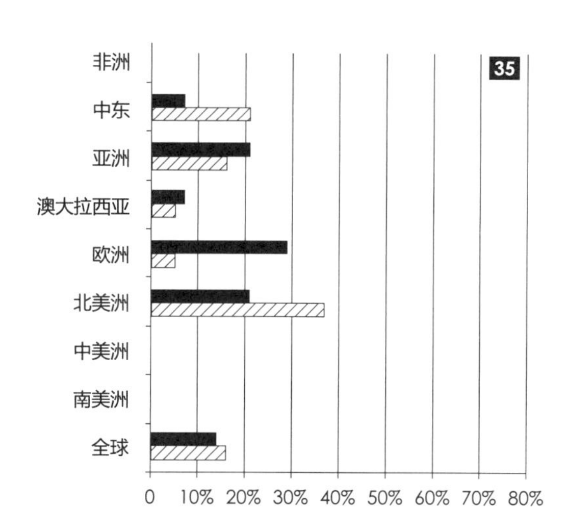

图 35：问卷统计：按地理区域

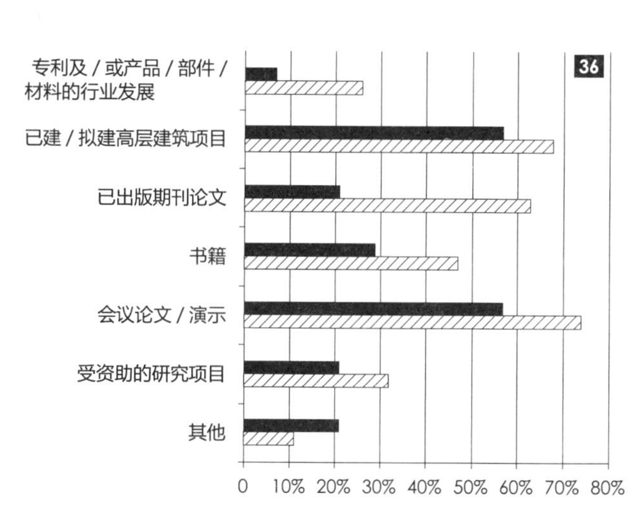

敬请留意：该问卷并非单选，以上选项的百分比之和可能超过 100%。

图 36：问卷统计：按知识运用的领域

3.11.2 阶段 1：确定优先主题

下方的“研究树”大致列出了第一次问卷调查结果所界定的不同主题，均属于“能源产生、效能与评估”领域应当重点关注的研究对象。调查组已对该系列主题进行以共性特征为标准的分组归类，并随之通过第二次问卷调查进行了重要性与研究不成熟度的排序来获取最终结果（详见下文“主题评估与排序”）。以下主题按照较宽泛的大类别与子类别进行了组合，括号内的数字代表每一个研究方向在杜威十进制图书分类法中的编号，方便读者日后检索对应领域的知识进行深入研究。如需深入了解该体系，请参见第 23—26 页。

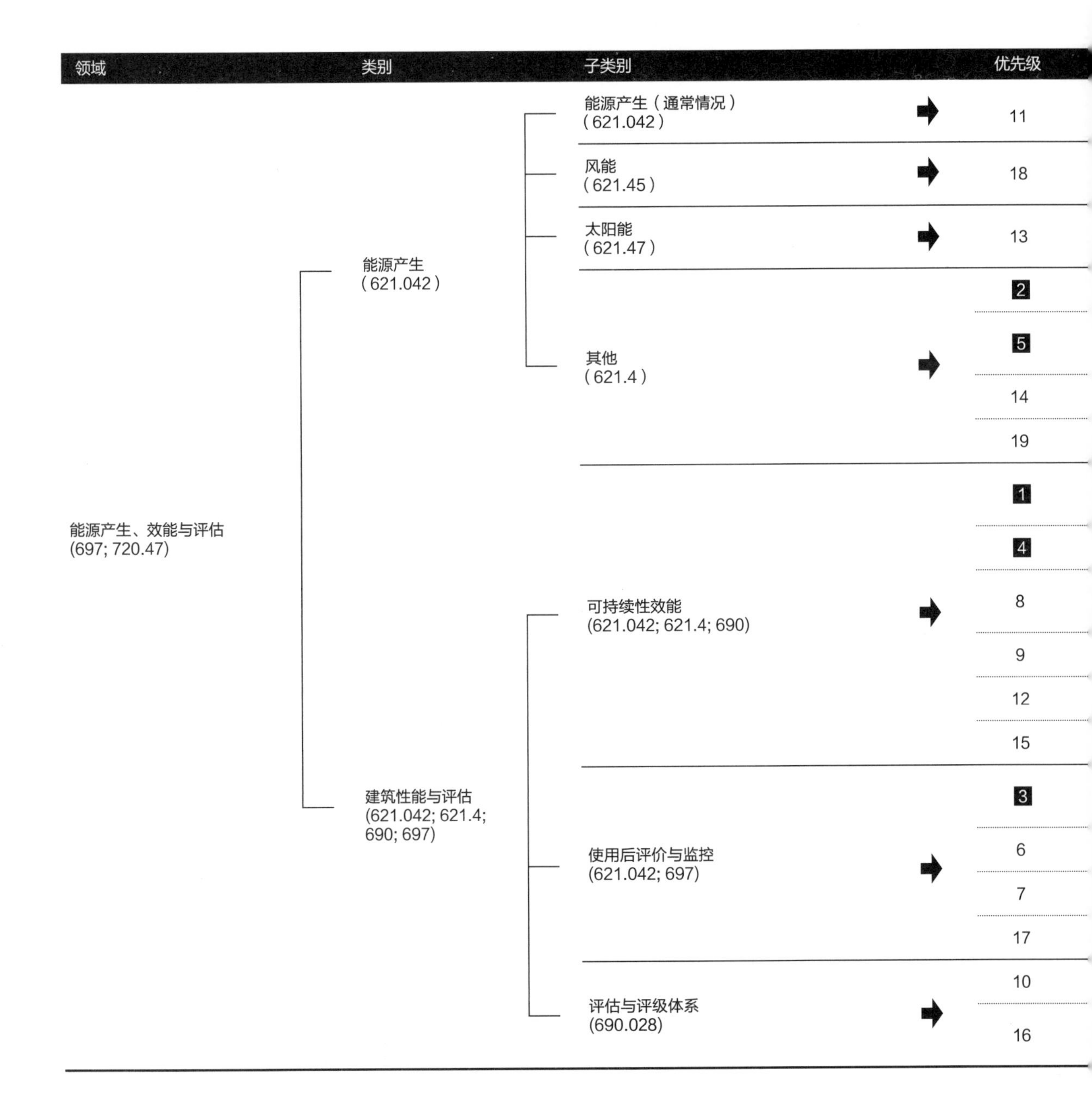

3.11.3 阶段 2：主题评估与排序

优先指数：根据第一次问卷所界定的重点主题，第二次问卷要求问卷受访者以重要性和研究不成熟度为基础，为所有的主题排序和打分（重要性：1= 完全不重要，5= 极其重要；研究不成熟度：1= 非常成熟，5= 极其不成熟），加总所有得分便可得到“优先指数”，该指标就是“优先级排序”（详见左侧表格）的依据。排序突显了接下来几年该领域最需要关注的重点主题。排名前五的主题得分以黑底色块突出显示，便于查看。如需获得关于该排序定义的详细解释，请参考第 19 页。

主题	重要性	不成熟度	优先指数
高层建筑内就地可再生能源供给的维护费用的研究	4.0	3.6	7.5
高层建筑内就地应用风力发电的策略和技术的研究（包括优化风能的形式、开发技术、涡轮机安放位置的研究等）	3.5	3.6	7.1
高层建筑内就地应用太阳能发电的策略和技术的研究（包括优化太阳能的形式、开发技术、建立集成的光伏系统等）	4.2	3.3	7.4
高层建筑内热能储存和共享的策略与技术的研究（包括混合用途高层建筑内的余能收集等）	4.3	3.7	**8.0**
高层建筑间能源共享的策略与技术的研究（如一座建筑过剩的能源恰好能满足另一座建筑的峰值能源需求）	3.7	4.1	**7.8**
把可再生能源与应急发电系统结合在一起以增强可靠性的可行性研究	3.8	3.6	7.4
高层建筑内三联产系统的应用研究	3.8	3.2	7.0
高层建筑整体及综合可持续性效能的测定与计量研究（包括环境、经济和社会的可持续性、综合成本、碳和能源分析等）	4.3	3.9	**8.3**
高层建筑全生命周期的环境影响测定与计量研究（包括生命周期评价、方法路径的开发等）	4.3	3.6	**7.8**
高层建筑的最大可持续性水平的测定与计量研究 [例如，在哪个平衡点上，环境效益（如密度）会被环境负面影响（如隐含能源）所抵消？]	3.8	4.0	7.7
高层建筑及其关键组件的隐含能源 / 隐含碳的测定与计量研究	4.0	3.8	7.7
高层建筑运行能源 / 碳的测定与计量研究	4.4	3.1	7.5
高层建筑和低层建筑的全生命周期环境影响的比较研究	3.6	3.6	7.3
高层建筑的使用后评价的研究，以监测其运行中实际的能源效益及用水需求（包括监测系统的使用、不同地理位置能源的使用、对计算机模拟的验证、与设计负荷的比较、创建数据清单等）	4.6	3.4	**7.9**
高层建筑的使用后评价的研究，以监测用户的行为、满意度以及舒适度	4.2	3.6	7.8
结合了可再生能源系统的高层建筑的实际效益研究	4.2	3.6	7.7
用户对于高层建筑性能预期的研究	3.9	3.4	7.2
鉴别 / 开发针对高层建筑的适宜的环境效益指标的研究	4.1	3.4	7.5
针对高层建筑的评价与评级体系的适用性及发展的研究（包括评估现有评级框架和通过修正使它们适用于高层建筑的可能性等）	3.8	3.4	7.2

3.11.4 优先级最高的前五个主题

主题	优先指数
1 高层建筑整体及综合可持续性效能的测定与计量研究（包括环境、经济和社会的可持续性，综合成本，碳和能源分析等）	8.3
2 高层建筑内热能储存和共享的策略与技术的研究（包括混合用途高层建筑内的余能收集等）	8.0
3 高层建筑的使用后评价的研究，以监测其运行中实际的能源效益及用水需求（包括监测系统的使用、不同地理位置能源的使用、对计算机模拟的验证、与设计负荷的比较、创建数据清单等）	7.9
4 高层建筑全生命周期的环境影响测定与计量的研究（包括生命周期评价、方法路径的开发等）	7.8
5 高层建筑间能源共享的策略与技术的研究（如一座建筑过剩的能源恰好能满足另一座建筑的峰值能源需求）	7.8

3.11.5 重要发现

在“能源产生、效能与评估”领域，我们确认共有19个相对重要及／或未成熟的独立主题。与《路线图》中的其他领域相比，该领域获得的总优先指数是最高的，数值在7.0～8.3分之间。这主要是由于所有主题的不成熟程度的平均评分超过了3.0（中等不成熟），其中将近一半的主题评分超过了3.5，证明该领域研究上的欠发达程度是所有领域中最为显著的。这并不令人惊讶，与能源效益、测量、使用后评估和可再生能源系统相关的研究处于一个相对不成熟的阶段，并不仅仅只是在高层建筑这一类别里，针对范围更加宽广的建筑环境的该类研究仍然在逐步发展。

3.11.6 领域内优先研究的主题

被调查者给出的排名最高的主题是“高层建筑整体及综合可持续性效能的测定与计量研究（包括环境、经济和社会的可持续性、综合成本、碳和能源分析等）”，它的优先指数为8.3，是《路线图》中所有指数里最高的。该方向的发展需要应用跨学科的方法，其中包含了诸多的利益相关者和多种多样的专业知识。这是一个非常宽泛的主题，而且意义重大，并不仅仅针对高层建筑领域，它在较广泛的建筑业领域里蓬勃发展着。

排名第二的主题是“高层建筑内热能储存与共享的策略与技术的研究（包括混合用途高层建筑内的余能收集等）”，该主题可能是受到了全世界范围内混合用途高层建筑的增加的刺激，它为不同项目间（特别是办公室与住宅／酒店之间）的热／能共享提供了可能。还有一个相关的主题“高层建筑间能源共享的策略与技术的研究（如一座建筑过剩的能源恰好能满足另一座建筑的峰值能源需求）”，它的排名同样很高，而它的不成熟程度评分为4.1（超过了非常不成熟），表明该课题存在着非常明显的研究空缺。

除此之外，与“使用后评价与监控”子分类相关的3个主题全部都排名较高，这些主题主要关注于高层建筑实际的能源效益、用户行为与满意度以及集成的可再生能源系统。同样，这个主题也对很多其他建筑环境的研究意义重大，而且有重要证据表明建筑的实际表现与预期的会有所不同，而使用后评估则是一种较为有效的工具，可以用来为实际的建筑效益提供更好的数据和反馈。然而，针对高层建筑领域的研究在这里同样非常重要，例如，结合高层建筑独特的建筑组织和系统来开发适当的方法论对高层建筑进行使用后评估。

“使用后评估如何实际操作……由谁来做，对哪座建筑做，都是需要专业人士来进行讨论的重大问题。我之所以这么说是因为我并不是那么信任传统的使用后评估，我认为我们非常需要对它们进行修正。”

Joana Carla Soares Gonçalves，巴西圣保罗大学

关于能源使用以外的其他高层建筑环境效益的主

题，包括生命周期问题和隐含能源 / 隐含碳，在《路线图》的几个领域里都很常见，它们还作为优先研究主题出现在“建筑外立面与表皮”、“建筑材料与制品”和“可持续性设计、施工与运营”部分中（详见第 69、第 75 和第 81 页）。在此领域中，主题“高层建筑全生命周期的环境影响测定与计量研究”和“高层建筑及其关键组件的隐含能源 / 隐含碳的测定与计量研究”的排名也相对较高（分别为第 4 和第 9），它们的优先指数与那些其他领域里的相关主题分数相当，甚至高于它们。

至于与“能源产生”这一大类相关的主题，被调查者通常认为它们的优先程度要相对较低，除了“高层建筑内热能储存和共享的策略与技术的研究”和“结合了可再生能源系统的高层建筑的实际效益研究”，后者提供了非常有价值的研究机遇，因为在高层建筑内应用可再生能源系统的情况已经越来越多，但是关于它们实际的效益，却很少有相关研究来公开其中的细节。

“关于高层建筑内能源产生的问题……我个人认为，我们在这个研究领域里已经确定的或者获得的知识和了解实际上都非常少。我们需要了解更多，特别是关于风能，因为几乎所有那些具有这项技术的建筑，它们的运行都存在一定的问题（或者根本不运行）。”

Joana Carla Soares Gonçalves，巴西圣保罗大学

3.11.7 对问卷受访者分类

完成这一部分的第二份调查问卷的被调查者的专业背景分为两类（图 37）。

37

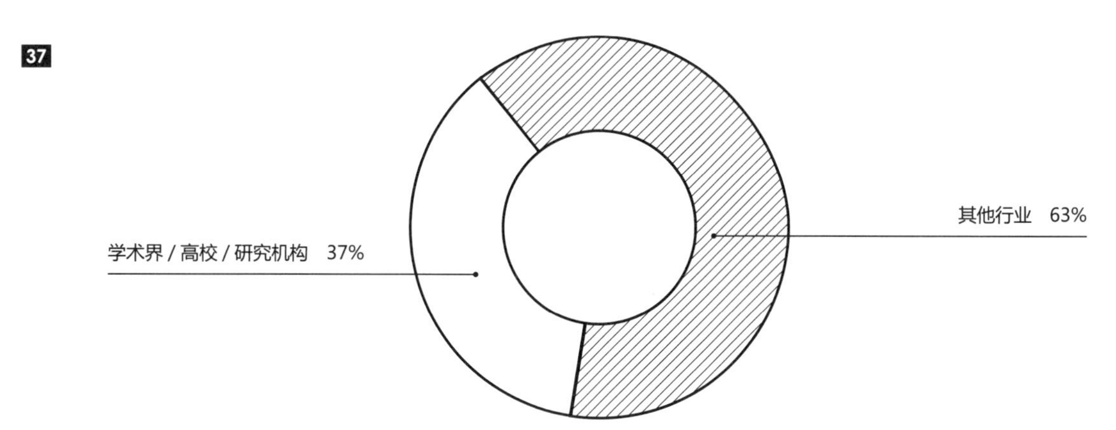

图 37：问卷回答者的专业背景分布

1. 按专业背景划分

下面分别总结了对于从事学术研究和其他行业工程顾问的被调查者来说，他们打分最高的三个主题。

1）其他行业

• 高层建筑整体及综合可持续性效能的测定与计量研究 (**8.2**)

• 高层建筑全生命周期的环境影响测定与计量研究 (**8.1**)

• 高层建筑的使用后评价的研究，以监测其运行中实际的能源效益及用水需求 (**7.9**)

2）学术界 / 高校 / 研究机构

• 高层建筑内热能储存和共享的策略与技术的研究 (**8.4**)

• 高层建筑内就地可再生能源供给的维护费用的研究 (**8.4**)

• 高层建筑整体及综合可持续性效能的测定与计量研究 (**8.3**)

有趣的是，“高层建筑内就地可再生能源供给的维

护费用的研究”获得了学术界给出的最高的优先指数评分 (8.4 分) 的同时，它也获得了工程顾问们给出的所有主题中的最低评分 (6.7 分)。除此以外，这两组专业人士给出的评分都大致相当。

2. 按地理区域划分

被调查者所参与的建筑 / 研究项目所处的地理位置分布十分广泛，但是大多数专业人士主要工作于北美市场。然而，不同地域的被调查者给出的回复都基本一致，因此在这里就不做具体说明了。

4 结论：研究主题的优先次序

根据问卷调查的结果，可见受访群体认为高层建筑领域的研究既重要又有所欠缺，除却这些结果，某些特定的主题被认为是《路线图》全书之中具有重点研究价值的主题，它们或被评定为极其重要及 / 或极其不成熟研究，或重复出现在多个领域之中。下文列出了这类迫在眉睫的主题，并进行了相应的探讨。

1. 高层建筑的社会可持续性

《路线图》为重点研究对象界定出一个清晰明确的研究趋势，即聚焦高层建筑的社会可持续性，无论是针对城市层面还是建筑层面。在“都市设计、城市规划与社会问题”领域，得分最高的两个主题为：

（1）都市 / 城市范围内高层建筑的社会可持续性发展的调查研究（7.8）；

（2）确定高层建筑的最佳高度、密度及体量为城市居民创造适宜的社会互动与交流的研究（7.6）。

在“建筑与室内设计”领域，得分最高的 4 个主题均与宜居性和居民社会体验相关：

（1）高层住宅对于有子女家庭住户的影响研究，以及针对有子女家庭的高层宜居条件的策略研究（7.9）；

（2）高层建筑居民的体验、幸福度和满意度研究（7.6）；

（3）老年人和残疾人的高层建筑居住需求研究（7.6）；

（4）高层建筑居民的社交体验改善研究（包括功能区的合理搭配、高层建筑环境的人性化、促进社区孵育的策略等）（7.5）。

该趋势在这两个领域之中得到清晰的体现，显著表明有一部分受访群体认为，研究如何改善高层建筑对周边社区以及生活在高层建筑中的居民与工作者造成的社会影响是一个极其鲜明的重点研究领域。这项观点拥有外部文献资料作为支撑，资料显示，大多数人对高层建筑的满意度要低于其他结构的房屋，认为其并非儿童的理想居所，因为高层建筑中的社会关系更加淡漠，相较其他住宅类型，互助行为更加匮乏。

2. 能源产生、效能与评估

纵览所有章节，重点研究价值最高的评定主题（得分 7.6）从属于“能源产生、效能与评估”领域，表明这一宽泛领域中的研究主题是牵涉了高层建筑类型学的重点研究对象。这一点也体现在该领域的研究不成熟度的平均分（3.6 分）领先于所有章节，表明即使近年来该研究领域内已发表不少论文，但这一类别下的主题仍有待开发。

3. 高层建筑的安全性

纵览《路线图》全书，可发现重点研究系数得分最高的 5 个主题之中，有 4 个主题与高层建筑的安全与安防性能有关，它们均被评定为重要性最高且相关研究不成熟度最高的主题。

这些主题为：

（1）高层建筑内逃生电梯的布局、设计与影响研究（8.3）；

（2）针对高层建筑内最坏情境的具有一定可信度的设计火灾的研究（8.3）；

（3）新型可持续材料、技术与设计策略对高层建筑防火与生命安全性能的影响研究（8.2）；

（4）建筑师、消防工程师和社区消防部门合作关系的发展与促进研究（8.1）。

调查结果表明，高层建筑类型学仍存在诸多漏洞，尤其是在火灾场景之中。

4. 高层建筑安全性能标准的合理分级

《路线图》评选结果表明，安全性能领域的第二大研究趋势是为高层建筑安全性能设立合理的分级标准。这一点在以下两个领域的得分中明显得到体现：“结构性能、多种灾害防灾设计和土工技术”领域，以及“消防与生命安全”领域。在前者之中，主题如“极端灾害场景中的高层建筑安全性能合理分级的设计标准的开发”“针对高层建筑的基于整体性能的多种灾害跨学科防灾设计与分析研究”“确定高层建筑抗震性能的策略与方法的研究”以及“极端灾害场景中新旧高层建筑风险和可靠性评估方法的研究”，均为排序前 10 的重点主题。

同样地，在“消防与生命安全”领域，主题“针对高层建筑内最坏情境的具有一定可信度的设计火灾的研究”“高层建筑真实火灾场景的计算模型和特征的验证与对比”和“用于高层建筑结构防火设计的现实火灾场景的研究与开发”也被受访群体评定为排序靠前的主题。

与此相似的是，针对火灾和其他多种灾害场景（如地震、大风、爆炸等），为高层建筑设立安全性能合理分级标准的研究与项目，一直被认为是一个重点研究领域。

5. 高层建筑及其组成部件的隐含能源

以往人们研究改善建筑物环境性能时，一直聚焦于减少能耗与日常废弃物的排放，包括照明、供暖、空气流通、空调等。然而，当前的研究重点已经有所转变，对建筑物环境性能进行了更宽泛的思考，纳入了建筑材料与部件给环境带来的影响，也就是人们所了解的隐含能源 / 隐含碳。研究结果指出，鉴于高层建筑物对结构性能有更高的要求，建造过程之中所消耗的隐含能源比低层建筑更多。《路线图》的评选结果显示，在高层建筑内部如何设定与减少隐含能源均是各个领域的重点研究主题。

例如，在“可持续设计、施工与经营”领域，排序第 2 的主题是“高层建筑隐含能源 / 隐含碳的减量策略与技术研究”；在“建筑材料与制品”领域，主题“高层建筑材料与部件的责任采购”“高层建筑的可持续低能耗建材、制品与部件的开发和使用”“高层建筑特定材料与部件的隐含能源 / 隐含碳数据的开发”均排序前列；在“建筑外立面与表皮”领域，主题“高层建筑外立面的隐含能源的研究”“高层建筑外立面可持续、可循环再生及可重复利用材料的使用研究”得分亦十分靠前。

但这一趋势中也夹杂着个别例外。在“垂直交通与疏散”领域，主题“高层建筑垂直交通系统全生命周期的环境影响测算、建模与度量”在重点主题排序之中排名相当靠后。相类似的情况亦可在“结构性能、多种灾害防灾设计和土工技术”领域发现，与降低结构系统中的隐含能源相关的主题的重要性显得比可持续性方面的主题低得多。不过，这一现象是由于结构工程师群体的认知所导致的，他们将结构性能和材料的可持续性密切地联系在一起，与此相近，涉及隐含能源的主题被纳入到更宽泛的、更高效能、更低污染的结构系统的研究领域中。

6. 高层建筑的可持续生命循环

与前文所呼吁的隐含能源重点研究主题相似的是，

《路线图》指出，相比日常经营领域，关于高层建筑可持续生命循环的主题需要更多的关注和研究。这一宽泛领域涵盖了隐含能源与前文明确提及的主题，其余获得高度关注的主题还包括：“建筑材料与制品的耐用性”、“易修复和可替代设计研究”（“建筑材料与制品”领域）；“高层建筑的解体与拆除”“高层建筑生命周期的延长策略”“自适应再利用与改造”（“可持续设计、施工与经营”领域）；“影响高层建筑全生命周期的决定性因素研究和高层建筑的整体与综合可持续性效能的研究”（“能源产生、效能与评估”领域）。

对高层建筑可持续性这一领域进行的又一次更宽泛的思考，折射出建设行业当前的思潮，同时亦明确地指明了高层建筑全生命周期领域的研究需求，正面临着独特的挑战和机遇。

7. 高层建筑的解体 / 解构 / 拆除

“高层建筑使用寿命终止时是否允许进行拆解 / 拆除以及相应策略的研究（以及相类似的建材与建筑零部件再利用等）”，这一主题的“研究不成熟度”得分在《路线图》所有评选主题中位列第 3，且与前文提及的高层建筑全生命周期主题十分契合。但该主题再次突显了当前学者们对生命周期枯竭的高层建筑的研究缺乏相关知识，而这一领域有可能成为未来城市重建的主要研究领域，因为当前有不少高层建筑已开始步入生命周期的暮年。迄今为止，已被成功拆毁的最高建筑物是纽约的胜家大楼（不包括纽约世贸中心双子塔残骸的拆毁案例），高达 187 m，然而，这个高度还不到新近竣工的最高建筑的高度的四分之一。当前有许多高层建筑的服务寿命临近枯竭，该主题（以及与其相关的延伸部分，如拆除策略、成本和结果）可能在未来成为城市再造研究领域的主要研究对象。

8. 高层建筑的经济效应

就重要性而言，《路线图》中并列获得最高分的主题是“高层建筑与全球经济周期和形势之间的经济关系研究”。从经济的角度而言，该主题或许属于生命周期可持续性的广泛领域中的一个子集。在全球范围内的城市竞争日益激烈的情况下，人们通常需要评估高层建筑对当地房地产市场带来的经济效益，而高层建筑所扮演的角色（譬如单个高层建筑，或单个城市中高层建筑的大规模兴建）必须得到谨慎的评估，以避免房地产市场及更大规模的相关市场出现经济泡沫暴涨的情况。

9. 新兴材料在高层建筑中的采用及其效能

纵览多个领域，重点研究领域所呈现出的明确趋势之一，是新兴材料在高层建筑中的采用及其效能。这一点或许在“建筑外立面与表皮”领域中尤为清晰，该领域专注于研究新型 / 先进材料，包括复合型材料、光致变色玻璃、气凝胶、航空 / 造船技术的应用、新建材制品如真空绝热板、高绝缘薄覆层产品和建筑外立面集成能源发电系统，这些均被受访群体列为高得分主题。无论如何，此类材料的开发与应用对其余的领域亦将产生重要的影响，结果表明，在“消防与生命安全”领域排序第 2 的重点研究主题是“新型可持续材料、技术与设计策略对高层建筑防火与生命安全性能的影响研究”。在“建筑材料与制品”领域，与开发新型可持续与低能耗材料、纤维增强复合材料相关的主题亦排序靠前。

10. 高不成熟度的研究空白主题展示

《路线图》的全部研究主题中，只有 4 项主题的“研究不成熟度”得分大于 4（极其不成熟），这意味着需要投入更多的研究来发掘新的未开发主题。这 4 项主题为：

• 可通过建筑体外墙进行紧急疏散的新型疏散系统的研究（不成熟度 4.2）

• 高层建筑间能源共享的策略与技术的研究（如一座建筑过剩的能源恰好能满足另一座建筑的峰值能源需求）（不成熟度 4.1）

• 高层建筑使用寿命终止时是否允许进行拆解 / 拆除以及相应策略的研究（不成熟度 4.0）

• 高层建筑的最大可持续性水平的测定与计量研究（不成熟度 4.0）

就重点研究系数的维度而言，由于在受访群体的认知中，这 4 项主题属于重要性较低或平均偏低的研究领域，因此 4 项主题在各自领域内的排序并非突出靠前。不过，进一步的研究结果可能会显现出它们具备研究人员料想之外的潜在价值，这或许会带来重要的研究成果，让未来的高层建筑研究从中受益。

5 展望

本《路线图》的首要目标是确定高层建筑领域中的优先研究主题和研究空白领域，为该领域的未来研究提供清晰方向。

本《路线图》囊括了横跨 11 大类别的 358 个研究主题，并依据高层建筑行业相关人士对每个主题的看法，将这些主题根据研究重要程度和研究不成熟度进行了整理及排序。因此推出了一系列优先研究主题，高层建筑的所有者、开发、设计、规划、施工、咨询、运营、维护及学术研究领域的从业者们均认为这些主题值得优先研究和发展，它们可能推动未来几年高层建筑的行业发展。

上述发现清楚表明，高层建筑行业从业者均认为高层建筑研究对该领域的未来发展意义重大，并相信关于高层建筑的研究和了解目前存在大量空白区域。为填补这些空白区域，并提升该行业所影响的多个领域中的高层建筑的设计及表现，开展跨学科的综合研发将是非常必要的。

尽管本《路线图》为未来的高层建筑研究建立了一个清晰的层级，但它未能做到确定这些优先领域发展所需的特定研究项目及工程。《路线图》中所确定的 358 个研究主题中的任何一个主题都可能需要由不同团队（且可能横跨不同学科）开发若干（或更多）单独研究工程或项目，以推动对该主题领域的了解，并因此推动高层建筑行业的发展并填补该领域中存在的研究空白领域。

本书已确定需要最多优先关注的主题，下一阶段，《路线图》将确定这些主题发展所需的关键研究趋势。这将涉及确定每个优先主题所需的特定项目和研究问题、成本、团队、资金流和时间表。作为这一阶段内容，CTBUH 将开展相关活动，以推动优先级排名更高的主题研究的发展，甚至推动本《路线图》中所包含的所有研究主题相关研究的发展。

希望全球的研究者及研究团队将会使用到本书，进一步推广并推进他们各自领域的研究需求，此外还希望本书能帮助高层建筑研究获得更多来自公共及私有研究融资机构的研究资金。

如果您认为某研究机构或人士能从本出版物中获益，想要推荐某机构或人士；或是想要参与到本活动的后续阶段中，请联系：research@ctbuh.org。

《路线图》将通过 CTBUH 学术研究及研究生工作组开展接下来的工作，该工作组正在进行的活动定期发布于 CTBUH 网站：www.ctbuh.org/research-academic。

本《路线图》旨在确定高层建筑领域中的优先研究主题和研究空白领域。为此，它在未来研究所需规划及寻求研究资金的过程中，将充当协助业内相关人士的指南，以推动高层建筑在未来几年实现最佳发展。

后 记

本文写在《世界高层建筑前沿研究路线图》中文版即将出版之时。

《路线图》英文版在 2014 年初出版后，在全球高层建筑与都市人居研究领域引起了极大反响。基于对全球行业内诸多专业人士的问卷调查和分析，本书探索了当前高层建筑领域中一系列最为重要的且亟待解决的研究课题，并分析现有的研究空白，为未来高层建筑研究提供了清晰的方向，对推动行业的进步起到了非常积极的作用。事实上，在英文版出版后的短短 3 年时间内，来自全球不同高校、科研机构和企业的研究者都不同程度地受到了《路线图》一书的启发，在高层建筑与都市人居相关领域的研究中取得了很多重要的新成果，填补了本书中总结的某些研究空白。世界高层建筑与都市人居学会（CTBUH）作为行业发展的领头者和先行者也积极地与全球业内专业人士一起推动相关研究工作的开展，并出版了很多重要的研究著作。其中重要的研究课题包括：与蒂森克虏伯公司（Thyssenkrupp）合作开展的无缆绳、多向度运输电梯的研究；与佳氏福公司（Trosifol）合作开展的亚太地区高层建筑外围护结构抵抗飓风的研究；与美国伊利诺伊理工大学合作开展的室

CTBUH 研究成果出版物（从左到右）：《高层建筑结构全生命周期研究报告》、《市区高层居住与郊区低层居住可持续性比较研究报告》、《高层建筑垂直绿化指南》和《高层办公建筑自然通风指南》

内外空气质量在垂直向度变化的研究；与意大利威尼斯建筑大学和美国安全检测实验室公司（Underwriters Laboratories）分别开展的高层建筑垂直绿化的研究；与安赛乐米塔尔公司（ArcelorMittal）合作开展的高层建筑结构全生命周期的研究；与美国南加州大学合作开展的高层建筑立面改造项目数据库的研究；与法国布依格集团（Bouygues Construction）合作开展的高层建筑阻尼器的研究；以及笔者主持的、与美国伊利诺伊理工大学合作开展的市区高层居住与郊区低层居住可持续性比较的研究等。

社会科学与技术的进步改变了我们的生活，也改变了我们理解、设计和建造城市与建筑的方式，但建筑本身衍生出的技术革新似乎远跟不上其他领域（例如计算机、物联网、制造业等）的进步。高层建筑因其高度的复杂性和对城市与社会的巨大影响力，应当也能够成为更大范围内社会科技进步的推动者。例如，高层建筑中垂直与水平交通的研究可以促进整个城市交通基础设施的创新性发展（例如建筑单体内的电梯运输如何与城市公共交通体系相连接），高层建筑主体结构和外围护结构的研究可以促进材料的性能提升（例如重量、保温、碳排放等性能），等等。因此，本书所探讨的有关高层建筑在开发、设计、规划、施工、咨询、运营、维护等方面的重要研究课题和发展趋势，其不但能推动高层建筑行业自身的进步，也可以助力于更大尺度下的城市发展和社会科技进步，更广泛地实现可持续的城市人居环境。

杜　鹏
CTBUH 中国办公室总监
CTBUH 全球学术事务协调人
美国伊利诺伊理工大学建筑学院访问助理教授